L'editoria è una tecnologia del sedicesimo secolo, basata su un modello di business del diciannovesimo che tenta di sopravvivere nel ventunesimo.

Mark Bloomfield

Nicola Cavalli

eReaders ed eBooks nelle università

Nicola Cavalli
NuMedia BiOs, Milano

ISBN 978-88-470-2527-1   ISBN 978-88-470-2528-8 (eBook)
DOI 10.1007/978-88-470-2528-8

Springer Milan Dordrecht Heidelberg London New York

© Springer-Verlag Italia 2012

Quest'opera è protetta dalla legge sul diritto d'autore e la sua riproduzione è ammessa solo ed esclusivamente nei limiti stabiliti dalla stessa. Le fotocopie per uso personale possono essere effettuate nei limiti del 15% di ciascun volume dietro pagamento alla SIAE del compenso previsto dall'art. 68. Le riproduzioni per uso non personale e/o oltre il limite del 15% potranno avvenire solo a seguito di specifica autorizzazione rilasciata da AIDRO, Corso di Porta Romana n. 108, Milano 20122, e-mail segreteria@aidro.org e sito web www.aidro.org.
Tutti i diritti, in particolare quelli relativi alla traduzione, alla ristampa, all'utilizzo di illustrazioni e tabelle, alla citazione orale, alla trasmissione radiofonica o televisiva, alla registrazione su microfilm o in database, o alla riproduzione in qualsiasi altra forma (stampata o elettronica) rimangono riservati anche nel caso di utilizzo parziale. La violazione delle norme comporta le sanzioni previste dalla legge.

L'utilizzo in questa pubblicazione di denominazioni generiche, nomi commerciali, marchi registrati, ecc. anche se non specificatamente identificati, non implica che tali denominazioni o marchi non siano protetti dalle relative leggi e regolamenti.

9 8 7 6 5 4 3 2 1

Layout copertina: Beatrice B, Milano

Impaginazione: PTP-Berlin, Protago $\TeX$-Production GmbH, Germany (www.ptp-berlin.eu)
Stampa: Grafiche Porpora, Segrate (MI)

Springer-Verlag Italia S.r.l., Via Decembrio 28, I-20137 Milano
Springer-Verlag fa parte di Springer Science+Business Media (www.springer.com)

Prefazione

Introduzione

Questo volume di Nicola Cavalli presenta i risultati della prima *survey* quantitativa svolta in Italia sulle opinioni, le percezioni ed i comportamenti dichiarati degli utenti accademici circa l'utilizzo degli *eReaders* (lettori a inchiostro elettronico, Tablet, Smartphone) e dei contenuti "accademici" fruiti su questi *device* e su pc.

Il target è quindi specifico e raccoglie le opinioni di studenti, docenti, ricercatori e bibliotecari delle Università di Milano Bicocca, del Politecnico di Torino, dell'Università di Verona, dell'Università di Bolzano, di Università di Bologna, della Federico II di Napoli e della Seconda Università di Napoli.

Il volume, tuttavia, non si limita a questa innovativa ed originale ricerca, di cui si dà conto in particolare nel terzo capitolo del volume. Il primo capitolo dell'opera, infatti, è dedicato a delineare un vasto ed informato panorama dell'editoria digitale accademica, a livello italiano ma soprattutto internazionale. Un panorama che permette al lettore di comprendere e comparare la dimensione della rapida diffusione del fenomeno degli eReaders e dei contenuti digitali per l'editoria accademica nelle differenti aree dei paesi OCSE. Il secondo capitolo offre un'ampia panoramica delle differenti tecnologie hardware e software coinvolte nella transizione al digitale nella trasmissione dei saperi:

- i nuovi "oggetti digitali" per la trasmissione del sapere accademico (ipertesti, eBook, learning object ed enhanced eBook);
- i nuovi formati di archiviazione e fruizione digitale (html, pdf, ePub ecc.);
- i nuovi supporti (iPad, Tablet, Smartphone, eReaders).

Inoltre il quarto capitolo offre uno scenario evolutivo rivolto al futuro del mercato dell'editoria digitale accademica e sviluppa una serie di fondate ipotesi circa i futuri comportamenti d'uso degli attori universitari di questi strumenti: dai fruitori di queste tecnologie e supporti, la generazione dei *digital natives*[1]; si passa alle pressioni sul mercato dei grandi attori dell'ICT[2] e alle linee di sviluppo e di crescita del mercato digitale dei *devices* e dei contenuti accademici.

---
[1] Si veda il primo paragrafo del capitolo 4.
[2] Si veda il secondo paragrafo del capitolo 4.

Il volume costruisce cioè un solido *frame* interpretativo rispetto ai fenomeni emergenti della tumultuosa transizione verso la digitalizzazione e la smaterializzazione della fruizione e del mercato della conoscenza e dei saperi.

Da Gutenberg al digitale nuovi oggetti e nuovi supporti per la comunicazione formativa

Oggi i computer portatili, gli eBook, e gli Smartphone, così come i Tablet Pc, i Pc, sempre connessi in forma Wireless 3G all'Internet, stanno assediando sempre più da presso la cittadella dell'editoria gutenberghiana. Il fortino dell'editoria accademica è stato quasi completamente espugnato, grazie alla spinta congiunta degli utenti e dei player dell'ICT. Questo assedio si è fatto anche più serrato da quando, a partire dal 2007, i nuovo supporti interattivi *touch*, creati dal genio di Steve Jobs e di Apple – gli iPod, gli iPhone, gli iPad e i loro "cloni" di altro marchio basati sul sistema operativo Android – permettono di sfogliare semplicemente con un tocco dei polpastrello le pagine digitali dei libri e dei quotidiani on-line o di navigare sul web in punta di dito, attraverso applicazioni specifiche [26]. Gli schermi *multi-touch* di questi dispositivi mobili ed estremamente portabili permettono, infatti, a tutti i gli utenti, siano essi lettori, ascoltatori o videogiocatori, di abbandonare mouse, tastiera e "chiavette" ADSL, oltre che i pesanti e ingombrati noteBook del passato e di utilizzare semplicemente le dita per navigare, molto più agilmente, tra i contenuti e sul web mediante i magici schermi/tavoletta [27]. Allo stesso modo, questi nuovi strumenti *touch* permettono agli utenti di acquistare contenuti culturali on-line con una procedura molto semplificata, basta registrarsi una sola volta sullo store di riferimento on-line – Apple Store, *Android Market*, Ovi Store – inserire una sola volta il numero della carta di credito e la password, per acquistare poi dal proprio dispositivo – semplicemente e in mobilità – tutti i contenuti che si desiderano. L'usabilità, la portabilità e la comodità di questi nuovi dispositivi è la "carta" vincente: due o tre colpetti di dito sullo schermo e si è sul sito sull'applicazione della libreria on-line preferita – tra tutte Amazon – altri due o tre colpetti, e attraverso la propria carta di credito si acquistano i contenuti e poi in meno di due o tre minuti di può leggere, consultare ed utilizzare ogni campo della narrativa, della saggistica e anche della musica, della televisione, del video digitale e dei videogiochi. La "tecnologia caratterizzante" del trasferimento e della diffusione della cultura e dell'informazione è cambiata e la transizione dal supporto cartaceo a quello digitale è quasi ultimata [3, 10, 14]. Questo fenomeno che si sta dispiegando con una rapidità impressionante (più di due milioni gli iPad Apple venduti nei primi tre mesi dalla presentazione) non può essere considerata semplicemente una moda o un fenomeno passeggero.

La disseminazione dei media digitali e l'affermarsi di uno stile della comunicazione orientato all'interazione, alla produzione di contenuti e alla condivisione è stato, infatti, accompagnato nel corso del dispiegarsi della rivoluzione digitale, durante gli ultimi diciannove anni[3], dall'affacciarsi sulla scena di una nuova forma evolutiva dell'Homo sapiens, i "nativi digitali" [22, 23] (nel capitolo quarto del presente volume si approfondisce in dettaglio questa tematica rispetto agli studenti universitari). Nati e cresciuti all'ombra degli schermi interattivi dei "nuovi media", sono loro i soggetti che attueranno pienamente la transizione dalla carta al silicio. I nativi digitali sono i principali utenti degli schermi interattivi, come dimostrano anche i dati contenuti in questo volume, e per loro questa interazione è parte integrante dell'identità soggettiva, non un *divertissement* raffinato o l'utilizzo di un gadget alla moda. E questa specificità dei nativi sarà il *pay off* dell'industria culturale digitale del futuro.

Il loro percorso di appropriazione dei nuovi media si svolge nel mondo "informale" e nell'interazione con i pari, in modo indipendente e spesso lontano e distonico [11, 12, 13] da quello dagli adulti immigranti. I *digital natives* crescono, apprendono, comunicano e socializzano all'interno di questo nuovo ecosistema mediale, "vivono" nei media digitali, non li utilizzano semplicemente come strumento di produttività individuale e di svago, sono in simbiosi strutturale con essi [20]. Vivono, cioè, all'interno del *brave new world* dell'informazione e della comunicazione digitale e globalizzata. Anche i loro stili di comunicazione e i loro modi di studiare e di pensare sono differenti. Una rassegna ragionata della letteratura scientifica in materia indica i valori che orientano gli stili comunicativi dei "nativi" [1, 2, 25]:

- l'espressione di sé;
- la personalizzazione;
- la condivisione costante d'informazione (*sharing*);
- il riferimento costante ai coetanei.

Questa simbiosi digitale [20] cambia, ovviamente anche il loro modo vedere e rappresentare il mondo. Lo cambia come la "galassia Gutenberg" ha fatto con noi e con tutte le generazioni passate che l'hanno abitata [14]. L'imprinting precoce a queste modalità cognitive e d'interazione sociale non potrà non influenzare il modo di vedere e costruire il mondo dei nativi e di conseguenza il loro modo di approcciarsi allo studio e alla fruizione dei supporti e dei contenuti di digitali per l'educazione terziaria. Un approccio alla conoscenza e ai saperi può essere descritto efficacemente nello schema oppositivo rispetto a noi immigranti gutenberghiani che presentiamo nella pagina succesiva.

I nativi digitali, infatti, hanno a disposizione una grande quantità codici e di strumenti di apprendimento e comunicazione formativa e sociale: dai social network come Facebook, Netlog, Habbo a MSN Messenger, al telefono cellulare, ai siti di file sharing e condivisione dei contenuti online. Noi adulti gutenberghiani cerchiamo sempre un "manuale", una traccia lineare e alfabetica che ci guidi. I nativi digitali no; non è detto che sia un fattore positivo ma è un fatto. Apprendono per esperienza, un deweyiano *learning by doing* inconsapevole. Costruiscono la loro esperienza non linearmente ma per successive approssimazioni secondo una logica che è più

---
[3] Convenzionalmente fissiamo l'avvio della rivoluzione digitale, nell'ideazione da parte di Tim Berners Lee nel 1993 dei protocolli www, http e html, che hanno premesso la comunicazione grafia e ipertestuale di dati tra computer remoti nella forma che conosciamo oggi come rete Internet.

Immigranti digitali	Nativi digitali
• Codice alfabetico • Apprendimento lineare • Stile comunicativo uno a molti • Apprendimento per assorbimento • Internalizzazione riflessione • Autorità del testo • Primo leggere	• Codice digitale • Apprendimento Multitasking • Condividere e creare la conoscenza (Mp3 Wikipedia) • Apprendere ricercando giocando esplorando • Esternalizzazione dell'apprendimento • Communcazione versus riflessione • No autorità del testo multicodicalità • Connettersi navigare ed esplorare

vicina a quella "abduttiva" di Peirce, che non a quella induttiva di Galileo o a quella deduttiva di Aristotele che caratterizzavano lo stile di esperienza gutenberghiano.

È con questa "specie in via di apparizione" che dovrà confrontarsi l'industria culturale a partire da oggi e per tutti gli anni a venire ... e non si tratta di "nuovi barbari" sono semplicemente diversi. Sono loro i "consumatori" o meglio i *prosumer* dell'industria culturale digitale di domani, anche di quella accademica. Solo comprendendo i loro nuovi stili di "accesso" al mercato digitale della cultura e della comunicazione sarà possibile la definizione di nuovi modelli di business. Solo osservando attentamente gli stili comunicativi e di fruizione dei "nativi" sarà possibile ridefinire le tipologie di prodotti, i contenuti e gli *asset* digitali che avranno successo, i nuovi "best seller" e i flop di questo segmento del mercato dell'industria culturale.

I contenuti digitali: il ruolo degli editori

Ma chi predispone o predisporrà questi nuovi oggetti culturali educational? E cioè chi sono i nuovi *content provider* dell'editoria digitale accademica? Come stanno reagendo alla rivoluzione digitale quelli che prima del web e del web 2.0 chiamavamo "editori" [10]. I *content provider*, come è evidente da tutte le ricerche nazionali e internazionali, si stanno profondamente ristrutturando e la ristrutturazione accelererà nei prossimi anni. Ciò significa un profonda trasformazione del settore dell'industria culturale nell'epoca del Web 2.0 [15, 16] che lo adegui alle necessità della "società in rete della mobilità e della banda larga". In questa nuova configurazione sociale la competitività e la creazione del valore nelle economie sviluppate si giocherà sempre di più sul terreno di quella che un tempo veniva definita, industria culturale e dei media oltre che su quello dei sistemi formativi. L'industria dei contenuti digitali è infatti il carburante sia dei processi di innovazione che dei sistemi formativi accademici e scolastici. Quella che era l'industria culturale si sta rapidamente trasformando in un nuovo settore che oggi possiamo meglio definire come "economia dei contenuti digitali e di rete" o *content-digital-economy* [28]. Vincerà in questo settore chi sarà in grado di sfruttare appieno le tecnologie digitali e di rete per soddisfare i bisogni di un eco-sistema sociale sempre più avido di innovazione e di creatività e aggiornamento continuo. Vinceranno, cioè, nella *content economy* anche accademica, quei player dell'editoria professionale ed educational (gli editori tradizionali e i broadcaster) e dell'ICT (ad esempio Amazon e Google) che meglio riusciranno a diffondere e acquisire contenuti e *Learning Object* (analogici, misti e solo digitali) adeguandosi qualitativamente e quantitativamente alle esigenze dei nuovi lavoratori della conoscenza e delle stesse imprese ad alto contenuto informazionale: università, istituzioni dell'istruzione e della ricerca, ambiente, energia, bio-tech, design, moda, auto motive, sanità, hi-tech, comunicazione e settore militare [4, 5].

Il mercato della formazione, dell'innovazione e del *long life learning*, infatti, in particolare quella della scuola, dell'università e dei centri di ricerca, nel caso del ragionamento che stiamo conducendo, richiede aggiornamenti continui e una flessibilità nei contenuti e nella loro erogazione che è impossibile raggiungere attraverso i tradizionali strumenti gutenberghiani. Richiede, cioè, infrastrutture digitali (Tablet, Smartphone e altri supporti portatili e agevoli per la fruizione web, computer sempre più portabili, banda larga, lavagne interattive multimediali, LCMS e VLE, Learning portal), ma richiede sopratutto contenuti e *Learning object* digitali efficaci, molto interoperabili e il più possibile "divergenti", cioè che possano essere fruiti su una molteplicità di supporti dallo Smartphone, al Tablet al computer, passando per l'iPod, e persino allo schermo della televisore digitale di casa, fino alla loro condivisione sui social network, generalisti e professionali. Più in dettaglio i player del settore dell'industria culturale digitale sono cambiati o destinati a cambiare. Oltre ai soggetti che abbiamo menzionato, sono già entrati in questo gioco operatori della telefonia, gli Internet Service Provider, e gestori delle infrastrutture per la larga banda. Per esemplificare tra i player del prossimo mercato della *content economy* possiamo annoverare tre tipologie di attori: 1) ex editori (es. Pearson, Mondadori, BBC e RAI); 2) i colossi dell'informatica tradizionale (es. IBM, e Microsoft, Apple, e i "nuovi giganti" dell'economia della rete (Google e Amazon); 3) i grandi provider globali di telefonia mobile (Vodafone, HG3, ATT, British Telecom), così come gli stessi produttori di hardware per la telefonia ad esempio Nokia e Blackberry [6]. Vecchi e nuovi player così come scuole, centri di ricerca e istituzioni formative, dovranno abituarsi a nuove regole del gioco e delle scambio sociale dei contenuti digitali, e dovranno avere la capacità di ridefinire le loro linee di business, secondo le due direttrici di trasformazione convergenti, che vado a delineare di seguito.

Editori tradizionali e centri di ricerca che si trasformano in content provider digitali

Le imprese editoriali analogiche ossia dei *content provider* gutenberghiani e mass mediali, dovranno occuparsi di ristrutturare la loro offerta di contenuti e il loro modello di business, secondo le nuove regole del capitalismo digitale. Gli editori, infatti (ad esempio Pearson, McGraw-Hill e Springer nel mondo anglosassone, Rizzoli e Mondadori in Italia) e i broadcaster (BBC, CNN, SKY nel mondo anglosassone o Rai e Mediaset in Italia) dovranno crearsi l'infrastruttura per il download liquido e multipiattaforma dei loro contenuti e cioè per l'erogazione dei contenuti sugli schermi dei *devices* digitali di comunicazione dei contenuti di tutte le dimensioni (dal pc al cellulare) che popolano le nostre case, le nostre aule universitarie, le nostre automobili e le nostre borse e tasche. Dovranno cioè digitalizzare i loro contenuti e inserirli in basi dati interoperabili e multipiattaforma. Nello stesso tempo dovranno, e non sarà un processo indolore in termini di investimenti e occupazione, ridefinire la propria offerta commerciale adeguandola alle esigenze e agli stili di consumo dei nativi digitali e delle istituzioni formative accademiche in via trasformazione.

Questo significa, più in dettaglio, predisporre la migrazione in digitale del patrimonio analogico di testi e immagini da loro detenuto sotto copyright e nello stesso tempo la creazione di nuove linee di prodotto quali: basi dati disciplinari e interdisciplinari per le differenti tipologie di età e per i differenti livelli di istruzione universitaria ma anche per i differenti ambiti disciplinari e professionali della formazione continua: degli insegnanti e dei medici, dei giudici e dei professionisti in ambito commerciale e legale[4].

Anche altri *content provider* analogici, ad esempio quelli televisivi, si stanno attrezzando in questa direzione, BBC educational in primo luogo, ma anche CNN e in Italia il Gruppo Sole24ore. In questa direzione sembrano muoversi, inoltre, anche i grandi centri di ricerca e le istituzioni internazionali se si pensa che Massachusetts Institute of Technology (MIT) con il progetto OpenCourseware ha già digitalizzato e reso disponibile in formato open tutti i suoi corsi universitari e post universitari e i relativi materiali didattici sul web; lo stesso hanno fatto, molte altre università americane, tra le più prestigiose, come John Hopkins, Tufts e Utah University. Harvard, per parte sua ha svolto quest'operazione con il più famoso centro di ricerca medica del mondo (l'Harvard Medical School) e Stanford con i due progetti Open courseware e iPod U. Allo stesso modo le istituzioni internazionali sono sulla stessa strada se si pensa che l'Unione europea, l'Onu e l'Ocse dispongono già di basi dati free che presentano liberamente scaricabili tutti i contenuti delle ricerche effettuate a livello globale.

Operatori dell'ICT e aziende che producono servizi ICT che si trasformano in content provider

Si muovono in questa direzione già da tempo verso la *content economy* digitale i grandi player del mercato ICT: Amazon, Google, Apple, la stessa Microsoft, ma anche Nokia e Vodafone, H3G o altre aziende. Nel caso di Amazon la sua trasformazione in content provider digitale può essere esemplificata dal progetto Kindle. Alcuni lo definiscono semplicemente "l'iPod degli eBook" si tratta della famiglia degli eReader Kindle, con gli ultimi arrivati, il Kindle Touch e il Kindle Fire. La libreria elettronica più grande del mondo continua a scommettere sull'eBook. Nei piani del-

---

[4] Si tenga presente che la formazione continua è ormai un obbligo di legge almeno in Europa secondo la normativa che impone ai professionisti medici, farmacisti, notai, commercialisti di conseguire un certo numero di crediti europei di formazione all'anno pena, nel lungo periodo, l'esclusione dalla professione stessa, http://eacea.ec.europa.eu/llp/index_en.htm.

l'azienda, Kindle e gli altri Tablet danno un senso nuovo alla lettura, rivoluzionando il concetto di libro.

L'arrivo sul mercato dell'eBook era stato guardato con scetticismo da molti esperti, convinti che il business dei libri digitali non potesse essere profittevole. Una considerazione rivelatasi profondamente errata. Oggi infatti la maggior parte dei volumi in vendita su Amazon possono essere scaricati wireless in formato eBook attraverso Kindle o altri Tablet e letti o fatti leggere per noi da Kindle stesso attraverso due altoparlanti di cui è dotato. Il vantaggio oltre che nella portabilità è nel prezzo, che anche per i best seller è molto inferiore all'analogo cartaceo. Anche Apple si è trasformata, con grandissimo successo, in content provider attraverso il portale musicale Itunes, ma sorprendentemente il 10% del fatturato del portale non è musica: si tratta di un nuovo "contenuto digitale" e cioè di classici della lettura o di best seller letti da attori professionisti e scaricabili per essere ascoltati sull'iPod. E infine la stessa Nokia, un produttore di hardware, prova a trasformarsi in *content provider* attraverso il suo portale di contenuti, integrato con i cellulari Ovi.

La leva che può facilitare queste trasformazioni, e la convergenza delle tre differenti tipologie di player che abbiamo menzionato è sicuramente la dinamica di disintermediazione del mercato che è caratteristica dominante dell'era digitale [8, 9], i contenuti, viaggiano sulla rete e i punti di intermediazione (librerie, importatori, distributori e reti di vendita) tendono a diventare inutili. Il ragionamento che abbiamo sin qui sviluppato si fonda su due premesse.

In primo luogo, l'assunto che la catena del valore economico della cultura e la produzione industriale dei contenuti stia migrando dai supporti più "materiali" che veicolano i contenuti (in primis la carta) e dalle strutture di distribuzione (segnatamente le librerie), a quelli digitali immateriali.

In secondo luogo, la correlata possibilità, offerta dalle nuove tecnologie, di eliminare gli aspetti più "materiali" e "industriali" della produzione e di poter contare su sistemi di pagamento attraverso la rete stessa.

Date queste premesse non si vede per quale ragione il mercato dell'industria culturale educational, ma anche quello generalista, debba mantenere la sua struttura attuale e non trasformarsi radicalmente nella direzione che abbiamo indicato attraverso i vettori della convergenza/divergenza digitale. Si tratta di una necessità vitale per ogni editore analogico o per player del mercato ICT che voglia generare profitti e sopravvivere nel nuovo scenario della società "informazionale" convergente; tutti gli attori nella loro trasformazione in content provider digitali dovranno adottare la nuova logica non più sequenziale e lineare del *database* [21] e ristrutturare la loro offerta in *Learning Object* digitali, riusabili e condivisibili e di cui si possano appropriare socialmente oltre che cognitivamente gli utenti della rete e del Web 2.0.

Paolo Ferri
Professore di Teoria e Tecniche dei Nuovi Media
Università di Milano Bicocca

Bibliografia

1. Becta Harnessing Technology: Schools Survey 2008 online. http://partners.becta.org.uk/uploaddir/downloads/page_documents/research/ht_schools_survey08_executive_report.pdf (2008).
2. Becta: Web 2.0 technologies for learning: The current landscape – opportunities, challenges and tensions. http://partners.becta.org.uk/index.php?section=rh&&catcode=_re_rp_02&rid=15878 (2008).
3. Bolter J.D., Grusin R.: Remediation. Understanding new media. MIT Press, Cambridge MA (1996); tr. it.: Marinelli A. (ed.): Remediation. Competizione e integrazione tra media vecchi e nuovi. Guerini & Associati, Milano (2002).
4. Butera F., Bagnara S., Cesaria R., Di Guardo S. (eds): Knowledge Working. Lavoro, lavoratori, società della conoscenza. Mondadori Università, Milano (2008).
5. Butera F., Donati E., Cesaria R.: I lavoratori della conoscenza. Quadri, middle manager e alte professionalità tra professione e organizzazione. Franco Angeli, Milano (2000).
6. Carr N.: Is Google making us stupid? What the Internet is doing to our brains. Atlantic, July/August, online: http://www.theatlantic.com/magazine/archive/2008/07/is-google-making-us-stupid/6868/ (2008).
7. Carr N.: The Shallows. What the Internet Is Doing to Our Brains. W.W. Norton & Company, New York (2010).
8. Castells M.: The Information Age: Economy, Society and Culture. vol. I: The Rise of Network Society. Blackwell Publishers, Malden MA (1996); trad. it.: L'età dell'informazione: economia società cultura. vol. I: La nascita della società in rete. Strumenti per la didattica, Università Bocconi, Milano (2002).
9. Castells M.: The Internet Galaxy: Reflections of the Internet, Business and Society. Oxford University Press, Oxford (2001); trad. it.: Galassia Internet. Feltrinelli, Milano (2002).
10. Ferri P.: La fine dei Mass Media. Nuove tencologie e trasformazioni dell'industria della cultura. Guerini & Associati, Milano (2004).
11. Ferri P.: E-learning. Didattica, comunicazione e tecnologie digitali. Le Monnier, Firenze (2005).
12. Ferri P., Mantovani S.: Bambini e computer. Alla scoperta delle nuove tecnologie a scuola e in famiglia. RCS Etas, Milano (2006).
13. Ferri P., Mantovani S.: Digital Kids. Come comunicano e apprendo in nativi digitali e come potrebbero farlo genitori e insegnanti. RCS Etas, Milano (2008).
14. Ferri P., Mizzella S., Scenini F.: I nuovi media e il web 2.0. Comunicazione, formazione ed economia nella società digitale. Guerini Scientifica, Milano (2009).
15. I.E.M. – Fondazione Rosselli: L'industria della comunicazione in italia undicesimo rapporto IEM – Trasformazioni dell'industria della comunicazione in italia. Guerini & Associati, Milano (2009).
16. I.E.M. – Fondazione Rosselli: L'industria della comunicazione in Italia. Decimo rapporto IEM – La domanda dei contenuti dei broadcaster generalisti. Guerini & Associati, Milano (2008).
17. Istat: Le tecnologie dell'informazione e della comunicazione:disponibilità nelle famiglie e utilizzo degli individui. http://www.istat.it/salastampa/comunicati/non_calendario/20080116_00/testointegrale20080116 (2007).
18. Istat: Cittadini e nuove tecnologie. http://www.istat.it/salastampa/comunicati/non_calendario/20090227_00/testointegrale20090227.pdf (2009).

19. Jones S., Fox S.: Generations Online in 2009. Washington DC: Pew Internet & American Life Project. http://www.pewinternet.org/Reports/2009/Generations-Online-in-2009.aspx (2009).
20. Longo G.O.: Il simbionte. Prove dell'umanità futura, Meltemi, Roma (2003).
21. Manovich L.: The Language of New Media. MIT Press, Cambridge MA (2001).
22. Prensky M.: Digital Natives, Digital Immigrants, "On the Horizon". NCB University Press **9**(5) (2001).
23. Prensky M.: Mama Don't Bother Me Mom – I'm Learning. Paragon House, New York (2006).
24. Pedrò F.: The new millennium learner a project in progress. http://www.oecd.org/data oecd/39/51/40554230.pdf (2008).
25. CERI-OECD: Are new millennium learner Making the grade. Technology use and educational performance in PISA. CERI-OECD, Paris (2010).
26. Rotta M., Bini M., Zamperlin P.: Insegnare e apprendere con gli eBook. Dall'evoluzione della tecnologia del libro ai nuovi scenari educativi. Roma, Garamond (2010).
27. Roncaglia G.: La quarta rivoluzione. Sei lezioni sul futuro del libro. Laterza, Roma (2010).
28. Tapscott D., Williams A.D.: Wikinomics: How Mass Collaboration Changes Everything. Penguin, London (2006).
29. Veen W., Vrakking B.: Homo Zappiens, Growing up in a Digital Age. Continuum Education, London (2006).
30. Verghese J.: Leisure activities and the risk of dementia in the elderly. The New England Journal of Medicine **348**(25), 2508–16 (2006).

Indice

1 Le specificità dell'editoria accademica 1
   1.1 Editoria ed Internet: arriva l'eBook 1
   1.2 Il mercato oggi 4
   1.3 Editoria ed eLearning 6

2 Il testo digitale 9
   2.1 Dal computer alla rete internet 10
   2.2 Ipertesti, eBook, learning object ed enhanced eBook 11
   2.3 I formati disponibili 13
       2.3.1 PDF: la pagina a stampa 13
       2.3.2 Da Mobipocket ad Amazon Kindle 14
       2.3.3 ePub 15
   2.4 I supporti hardware 16
   2.5 La rivoluzione eInk 18
   2.6 Tablet e SmartPhone 19
   2.7 Lo schermo perfetto? 22

3 Cosa pensano studenti e docenti universitari dell'eBook e dei testi digitali 25
   3.1 Il ruolo dell'indagine empirica nell'analisi del settore 25
   3.2 La metodologia della ricerca 26
       3.2.1 Il questionario 26
       3.2.2 Il campionamento 27
   3.3 I risultati 28
       3.3.1 Caratteristiche dei rispondenti 29
       3.3.2 Le opinioni e l'utilizzo degli eReader 33
       3.3.3 Le opinioni e l'utilizzo dei contenuti 39
   3.4 I contenuti per la didattica universitaria 46
   3.5 Le tipologie rilevate 51
   3.6 Dati e sperimentazioni angloamericane 59

4　Lo scenario evolutivo: uno sguardo al futuro 65
　　4.1　I nativi digitali 65
　　　　　4.1.1　L'appropriazione delle tecnologie di rete digitali 69
　　4.2　La pressione dei grandi attori dell'IT 71
　　　　　4.2.1　La crescita del mercato digitale 74
　　4.3　Dove (forse) andremo e cosa dovremo analizzare e capire 75

Bibliografia 79

Le specificità dell'editoria accademica

1.1 Editoria ed Internet: arriva l'eBook

L'editoria elettronica, digitale, multimediale (l'enhanced eBook e le applicazioni sono il futuro?) sembra trovare nella rete l'habitat in cui realizzarsi. In realtà l'editoria è digitale, elettronica e multimediale anche senza la rete internet: già dagli anni settanta con la diffusione dei personal computer si può parlare di editoria digitale, anche se la stessa non era trasmessa, diffusa e resa pubblica attraverso internet. Solo con gli anni '90 s'iniziano a vedere progetti editoriali digitali nel senso odierno, ossia che utilizzano internet. La prima rivoluzione informatica del settore editoriale, che possiamo indicativamente far corrispondere alla diffusione del PC e all'utilizzo degli elaboratori di testo e dei diversi programmi informatici per impaginare e preparare il testo per la stampa, ha avuto profonde ripercussione nell'organizzazione delle case editrici e delle tipografie, ma non ha in realtà cambiato molto il prodotto finale: possiamo dire, seguendo diversi studiosi [154, 180], che è stata un'innovazione che ha caratterizzato i processi, non tanto i prodotti. Con l'avvento d'internet ci troviamo invece di fronte a prodotti editoriali completamente elettronici, dalla produzione, alla distribuzione, alla stessa essenza finale. Ciò che ancora non è mutato è il modello economico: i prodotti editoriali elettronici vengono ancora venduti e trattati come prodotti editoriali tradizionali. Forse il modello Open Access potrà modificare questa dimensione [168], così come esprimenti di acquisto in abbonamento di contenuti monografici (ritornano i vecchi *ordini in continuazione*, in ambito bibliotecario va sempre più di moda l'acquisto secondo un *approval plan*), piuttosto che di consultazione gratuita in abbinamento a contenuti pubblicitari (*freemium*), alla veicolazione di messaggi promozionali in cambio di sconti (*Kindle with special offers*), all'abbonamento alla consultazione online di collezioni di testi (proposte già da diversi anni in ambito angloamericano e recentemente anche in Italia).

Vi è più in generale uno spostamento dalla vendita di un prodotto, tradizionalmente il libro cartaceo, o la sua prima variante elettronica, l'eBook, alla vendita di servizi, sotto forma di abbonamenti o di valore aggiunto all'eBook inteso come semplice testo digitale; ad esempio viene offerta la possibilità di interagire con gli altri lettori, con l'autore, di ricevere automaticamente gli aggiornamenti al volume e molte altre.

Le caratteristiche della rete internet sono state analizzate da autorevoli studiosi e sono, almeno intuitivamente, note ai più: cosa comporta tutto ciò per il prodotto editoriale elettronico? In prima analisi possiamo affermare che il prodotto editoriale elettronico e la sua trasmissibilità e fruibilità via web offre un'estrema flessibilità e potenza di ricerca all'interno dei testi e fra i testi di una stessa collezione; è duplicabile con estrema facilità (sistemi di protezione del contenuto, di DRM – digital rights management – permettendo); può essere distribuito con estrema velocità ed economia; può superare la sequenzialità che tanto caratterizza la nostra cultura grazie ai collegamenti ipertestuali e può, infine, racchiudere nello stesso contenitore diversi media, quali suoni, immagini o filmati.

Alcune di queste caratteristiche sono state oggetto di approfondite analisi, altre meno. A partire dalle analisi di fine anni '80 e degli anni '90 sui prodotti editoriali elettronici distribuiti su cd-rom, arriviamo ai prodotti editoriali elettronici distribuiti via dvd o internet, dove la multimedialità e l'interattività non sono ancora compiute, pur essendo punti che diversi analisti ritengono cruciali.

I primi teorici dell'ipertesto, fra cui citiamo Landow [107, 108] e Bolter [16, 17] in ambito anglosassone e Bettetini [5] e Ricciardi [150] in ambito italiano, hanno evidenziato con chiarezza la differenza fra la sequenzialità del testo cartaceo e la possibilità di creazione di percorsi di lettura autonoma che offre l'ipertesto, arrivando così a ipotizzare la "morte dell'autore". I diversi manuali di editoria multimediale, poi, trattano degli aspetti di duplicabilità, di protezione del contenuto e di multimedialità, appunto; fra questi ricordiamo, in ambito italiano i testi di Lughi [116, 117], e alcuni volumi collettivi [68].

Vi sono poi gli studi, partendo dai lavori di McLuhan [126, 127] e Ong [137], che cercano di posizionare le tecnologie di trasmissione della conoscenza e della scrittura, prima cartacea e poi elettronica, in prospettiva storica e di conferire loro un senso fondante dell'evoluzione umana. Ci sono, infine, alcuni studi, fra cui citiamo quello di Ferri [70], che cercano di analizzare come il settore editoriale in senso lato, definito "dell'industria culturale", si stia modificando, oltre all'introduzione a questo volume. Sono meno, invece, i lavori che analizzano specificamente come la facilità, l'economicità e la rapidità di distribuzione dei prodotti editoriali elettronici offra a tutto il sistema la possibilità di un rinnovamento radicale. Non si possono non citare, però, almeno i lavori di Herbert Van De Sompel [182], che analizza, fra gli altri, l'intrigante modello degli Overlay Journals [46] e Andrew Odlyzko [135], di taglio sicuramente tecnico, e ricordare invece due opere divulgative recenti come quella di Gino Roncaglia [154], la più completa ricognizione dell'evoluzione del libro e dell'eBook, e quella più citata, di Robert Darnton [58].

Possiamo comunque evidenziare, a grandi linee e generalizzando, almeno quattro momenti importanti della transizione al digitale in editoria: chissà quanti ne potremo individuare quando il passaggio sarà compiuto o almeno più avanzato! Queste quattro fasi si riferiscono principalmente al mondo anglosassone [180], e sono, come spesso accade, state vissute anche in ambito italiano, un po' annacquate e un po' in ritardo.

La prima fase si situa a metà degli anni '90, in corrispondenza della prima massiccia diffusione di Internet e della crisi dell'industria discografica. In estrema sintesi si era diffusa un'opinione che l'industria editoriale avrebbe a breve seguito la stessa traiettoria evolutiva, che il libro cartaceo sarebbe scomparso a breve e che ci sarebbe stato un processo di disintermediazione radicale. Una parte di aziende angloamericane del settore editoriale, così come alcune aziende tecnologiche, investirono capitali ingenti nella digitalizzazione di opere, convinti, sulla scia di analisi come quella di PriceWaterhouseCoopers nel 2000. Dopo l'esplosione della bolla della New Economy questo periodo terminò lasciando spazio a un periodo di scetticismo, anche dovuto al fallimento di alcune aziende o di alcune iniziative, frutto dell'entusiasmo iniziale (si veda il capitolo 2 sui supporti di lettura).

Diciamo che dal 2002 fino all'avvento del Kindle, nel novembre del 2007, c'è stato un quinquennio di cauta sperimentazione, in cui l'editoria accademica ha sicuramente svolto un ruolo di primaria importanza, tanto che si può affermare che l'innovazione digitale in editoria sia avvenuta, in quegli anni, pressoché esclusivamente grazie ai grossi conglomerati editoriali operanti in questo settore.

In quegli anni abbiamo visto la nascita del modello della *Virtual Library*, con iniziative come NetLibrary, Ebrary e Questia nel mondo anglosassone, bibliotecadigitale.com e Casalini Digital Library in ambito italiano; del modello del *Digital Warehouse*, ossia di aggregatori che, lavorando nell'ombra, consentono agli editori di mettere in vendita i propri titoli digitali presso diversi rivenditori online, come fanno tuttora in Italia, nati molto dopo, Edigita, Stealth e BookRepublic; del modello dello *Scholarly Corpus*, ossia di raccolte di testi accademici ricercabili congiuntamente, quali Oxford Scholarship Online, History eBook Project, le Springer eBook Collection, per citarne tre internazionali celebri fra le prime a essere create, e DarwinBooks in Italia.

La fase attuale, che possiamo far iniziare con il lancio del Kindle, nel novembre del 2007 in USA, ottobre 2009 in Inghilterra e da allora acquistabile anche in quasi tutti i paesi del mondo, è quella della diffusione di massa dei lettori hardware e della crescita vorticosa di titoli e fatturato del mercato digitale, che, per alcuni grossi editori angloamericani inizia a valere più del 10% del fatturato complessivo. Lo sviluppo negli ultimi anni, mesi e settimane è sempre vorticoso: l'eBook sta diventando un fenomeno di massa. Se in metropolitana a Londra o New York è raro non incontrare qualcuno che legge un libro digitale con un lettore dedicato, anche in Italia capita talvolta di incontrarne qualcuno. Da quando è stato lanciato l'iPad di Apple nel 2010 il fenomeno ha avuto una notevole accelerazione, dando anche nuovo impulso ai libri multimediali e interattivi, perfetti per lo schermo touch-screen dei Tablet.

Infine, protagonista di questa nuova rivoluzione è sicuramente il nuovo formato per gli eBook, il formato ePub, che si sta affermando come uno standard e di cui parleremo più approfonditamente nel prossimo capitolo.

1.2
Il mercato oggi

La Fig. 1.1 sul numero di titoli pubblicati in digitale nei diversi paesi, pur "vecchia" (essendo stata presentata a una conferenza in marzo 2011) rende bene l'idea del gap fra i diversi mercati a livello di titoli, così come la Fig. 1.2 che raggruppa i dati sul numero di titoli presenti con i dati sul fatturato.

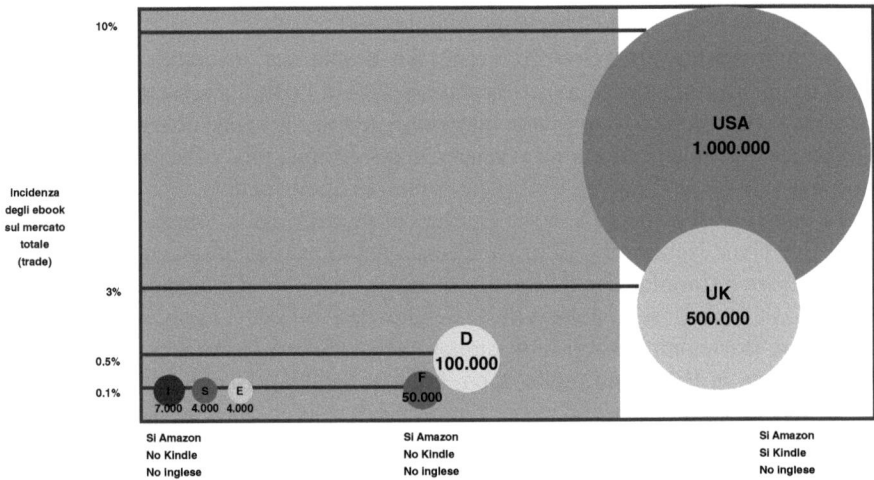

Figura 1.1 Numero di titoli in eBook per paese a febbraio 2011, 20.000, 30.000. 50.000 (modificata da: A.T. Kearney-BookRepublic)

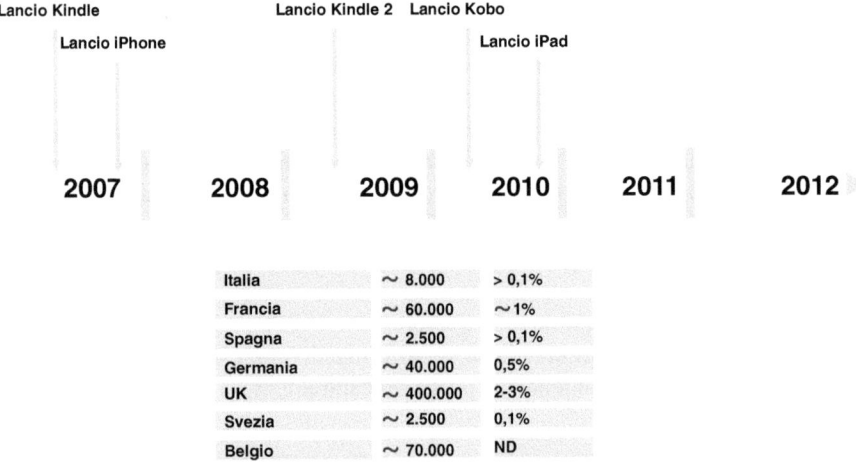

Figura 1.2 Numero di titoli in eBook per paese e incidenza fatturato a fine 2010 (modificata da: Ufficio Studi AIE)

1.2 Il mercato oggi

Vedendo le due figure, tratte da due fonti differenti, ma circa dello stesso periodo, vediamo come vi siano degli scostamenti, anche significativi (il numero di titoli in eBook in Germania oscilla dai 40.000 ai 100.000) dovuti a una certa indeterminatezza sulla definizione di eBook – una figura comprende anche i titoli in pdf, mentre l'altra no – che comunque lasciano ben trasparire il dato fondamentale: l'Italia e gli altri paesi europei sono allo stadio del lancio del Kindle in USA nel 2007 (Fig. 1.2), l'Inghilterra è un po' più avanti, e infatti (non intendo qui una stretta relazione causale, anche se forse plausibile, almeno *at large*) il Kindle è stato lanciato nel 2009. Sarà interessante, ma non ci sono ancora dati, vedere come reagirà il mercato tedesco, dove il Kindle è stato lanciato nel mese di aprile 2011.

Pur appunto con un divario di alcuni anni, dai due ai quattro, vediamo come la situazione stia evolvendo anche in Italia. Se a fine 2010 i titoli disponibili erano meno di 5.000, si pensa che entro fine 2011 si arrivi vicino ai 20.000, in termini percentuali una crescita molto forte, vicina al 400%. Tassi simili sono già stati visti negli Stati Uniti nel periodo 2008–2010 (Fig. 1.3), è plausibile che siano sottostimati, in ogni caso ciò che è interessante notare è che li stiamo iniziando a vedere anche in Italia, pur nella loro significatività relativa. Allo stesso modo per un fatturato globale dell'eBook che nel 2010 era sotto allo 0,1%, le stime più ottimistiche parlano di uno 0,5% a fine 2011, con copie singole vendute intorno alle 500.000. Come si vede lo stato del mercato italiano è ancora primordiale ed insignificante, mentre a livello americano è minoritario, ma, dati i tassi di crescita, di importanza strategica fondamentale, oltre che significativo anche a livello economico.

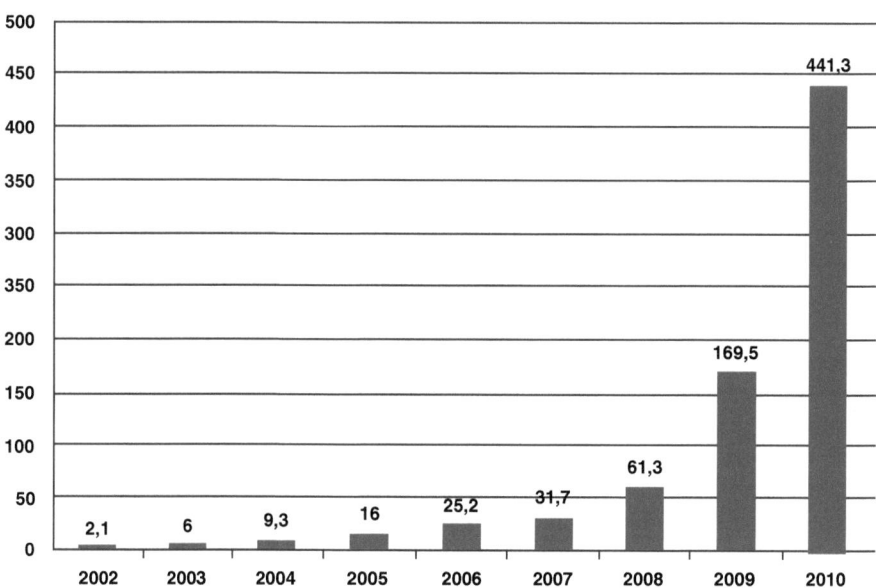

Figura 1.3 Mercato eBook USA in milioni di dollari. Fatturato eBook 13 maggiori gruppi americani dal 2002 al 2010 (modificata da: Marco Carrara su dati AAP)

È sicuramente importante monitorare accuratamente la variabile della disponibilità dell'hardware; abbiamo, infatti, stimato l'inizio di una nuova "era" per gli eBook dopo il lancio del Kindle, ma non sono da dimenticare variabili altrettanto importanti come la disponibilità di titoli in formato digitale (il Kindle store americano ha più di un milione di titoli) e la presenza dei grandi attori nei diversi mercati. Amazon ed Apple stanno iniziando ad essere presenti con hardware e/o proprio negozio di eBooks in Europa solo in questo 2011, come probabilmente farà Google.

Non è ovviamente certo che le traiettorie evolutive italiane ed europee seguano quelle americane, ma, nella novità del fenomeno e con tutte le specificità dei diversi paesi e delle diverse situazioni di mercato, il caso americano è sicuramente da seguire con attenzione.

1.3
Editoria ed eLearning

Un settore che ha ugualmente avuto uno sviluppo molto forte negli ultimi anni, anche se con momenti e traiettorie diverse, è sicuramente stato l'eLearning. È sorprendente notare che, fino ad oggi, non si siano sviluppate strette collaborazioni fra l'editoria universitaria digitale e le piattaforme, i sistemi e le strategie di apprendimento digitale universitario.

Risulta evidente anche a non addetti come un apprendimento mediato dal computer e dalla rete internet possa beneficiare di contenuti digitali. L'eLearning parrebbe presupporre l'esistenza di manuali digitali, ma così non è stato e attualmente non è. L'eLearning ha fatto e percorre la sua strada ignorando largamente la possibilità di utilizzare contenuti digitali, manuali digitali e materiale integrativo digitale prodotto dalle case editrici universitarie. In realtà negli Stati Uniti il fenomeno dei *coursepack* è sufficientemente sviluppato e può essere considerato il primo passo nell'utilizzo di manuali digitali in eLearning. La possibilità offerta dai maggiori editori angloamericani di acquistare singoli capitoli dei propri manuali e di riassemblarli in manuali personalizzati che rispondono alle esigenze specifiche dei singoli corsi o anche dei singoli discenti è appunto una delle molteplici possibilità di utilizzo di materiali didattici digitali. In realtà anche negli USA l'utilizzo avviene spesso al di fuori delle piattaforme di eLearning, così come nelle piattaforme di eLearning si tendono ad utilizzare materiali costruiti ad hoc per il corso e le piattaforme. Il riutilizzo dei *learning objects* è ancora un obiettivo lontano e lo standard SCORM che dovrebbe permettere il riutilizzo dei *learning objects* è ancora immaturo.

Schematizzando e semplificando enormemente possiamo affermare che si possono rintracciare due grandi linee di sviluppo nel settore, quello delle piattaforme e quello dei contenuti. Le piattaforme, open source come Moodle, proprietarie come BlackBoard, sono dei software che permettono e favoriscono, in un quadro di apprendimento di tipo costruttivista [30, 71], percorsi di apprendimento personalizzati e collaborativi attraverso la collaborazione in rete. Sono tipicamente dei sistemi che pongono molta attenzione sul processo. D'altra parte abbiamo le esperienze di alcuni editori, capostipite probabilmente quella di Pearson USA con MathLab (dal 2001), che integrano in una piattaforma proprietaria i propri contenuti, adattati e talvolta sviluppati ad hoc per la fruizione online ed un apprendimento attraverso la rete.

Ora per raggiungere una vera società della conoscenza [35, 37], per raggiungere gli obiettivi del *lifelong learning* promossi dalla Comunità Europea, per favorire uno sviluppo delle modalità di apprendimento in chiave costruttivista, nonché per contrastare il *digital divide*, pare indispensabile una collaborazione fra le istituzioni universitarie (e non solo) e le case editrici per favorire la nascita e lo sviluppo di una dimensione culturale e sociale di entrambi gli attori come istituti di apprendimento, in un quadro di reciproco beneficio [165]. Non che questo non sia avvenuto in passato e che università ed editori non siano "istituzioni dell'apprendimento", ma con l'avvento del digitale sembra sia necessario che la collaborazione si faccia più efficace e fattiva di come è stata in quest'ultimo decennio, in modo che possa compiersi l'evoluzione di queste istituzioni per farle diventare istituzioni dell'apprendimento digitale. Senza questa collaborazione è probabile che nessuna delle due riesca a mantenere la sua centralità e a perpetuare il suo ruolo sociale e culturale. Le università e le biblioteche devono diventare dei *learning resource center* [188], anello essenziale nella catena del processo educativo e motore della società della conoscenza [118].

Si prospetta quindi un'evoluzione anche del ruolo delle biblioteche che passano da semplici "repository" di risorse ad anelli attivi nel processo collaborativo di produzione, veicolazione, fruizione dell'apprendimento in forma digitale.

Il modello stesso di acquisto di libri e riviste cartacee, piuttosto che di abbonamento a risorse elettroniche, è in crisi da molto tempo, prima per la "crisi del prezzo dei periodici", poi per i tagli alla spesa pubblica. Attualmente questo sistema pare non soddisfare più completamente le istituzioni pubbliche, con un malessere crescente, esemplificato in Italia da articoli come quello recentissimo di Ezio Tarantino [177]. Il movimento Open Access [169], nelle intenzioni dei suoi primi fautori, come Stevan Harnad e Peter Suber, era visto come un modo di superare queste difficoltà. Ora a quasi dieci anni dalla Berlin Declaration (2003) sembra che il potenziale rivoluzionario di questo modello, inteso come la possibilità, prevista e auspicata da alcuni studiosi, di una ridondanza delle case editrici scientifiche, pur teoricamente ancora valida e sostenibile, non troverà attuazione, tant'è che tutti i maggiori editori angloamericani la propongono come opzione, piuttosto che avere alcune riviste ad accesso aperto secondo l'Author Pays Model [43].

La collaborazione sembra quindi necessaria per un'evoluzione positiva del sistema della comunicazione scientifica e dell'apprendimento, comunque costretto a mutare dall'avvento della rivoluzione digitale.

Esempi statunitensi di collaborazione fra case editrici, come il celebre CourseSmart, sembrano indicare strade percorribili e replicabili anche in altri contesti. CourseSmart è un sito internet che offre in abbonamento o in acquisto i manuali e le piattaforme di apprendimento digitali di quasi tutti i maggiori editori americani: in questo modo i professori, gli studenti e quindi le università hanno la possibilità di interagire con un unico soggetto per dare accesso ai materiali in forma digitale, semplificando molto il processo.

Ancora più innovativo, anche nel senso di prevedere una collaborazione con le università (Institutional Licensing), è FlatWorldKnowledge che offre il testo "nudo e crudo" in formato digitale gratuitamente, mentre offre a pagamento tutta una serie di opzioni aggiuntive, come la stampa di singoli capitoli, il download, i materiali integrativi e l'utilizzo della piattaforma digitale per l'apprendimento collaborativo. Il playoff del servizio è abbastanza indicativo del modello e del salto proposto da questa società innovativa: "Licensing software for your university? Licensing an LMS? Why don't license WorldClass Content?".

Possiamo quindi affermare, in chiusura di questo capitolo introduttivo, che la collaborazione fra università e case editrici sembra essere necessaria perché entrambe le istituzioni svolgano il loro compito in maniera efficace ed efficiente, perché il sistema della trasmissione del sapere, dell'apprendimento e della ricerca scientifica riescano ad evolversi per mantenere la loro centralità nell'odierna società della conoscenza.

Nei prossimi capitoli vedremo come diversi aspetti, dai sistemi hardware e software (capitolo 2), alle abitudini e prassi di utilizzo di eReaders e contenuti digitali (capitolo 3), alle evoluzioni delle modalità di fruizione della rete da parte delle giovani generazioni ed alle operazioni di grandi società dell'IT (capitolo 4) convergano verso la definizione di uno scenario in forte e rapido sviluppo.

Il testo digitale 2

I concetti di "rivoluzione nascosta" [180] o di tecnologia "trasparente" [154] sono solamente due delle molte modalità con cui si può approcciare il tema del testo che diviene digitale e rivelano una fondamentale verità, che abbiamo già trattato nel capitolo precedente, ma che andremo ad analizzare in dettaglio in questo capitolo e dalla prospettiva proprio del contenuto: Il testo è già digitale da molti anni, viene prodotto in digitale ma, fino a poco fa, l'unico supporto su cui veniva fruito era quello cartaceo. Ora, con la diffusione dei lettori dedicati, cambia sempre più spesso anche il supporto, che rimane elettronico. In realtà è già da diversi anni che diversi testi digitali vengono letti e fruiti direttamente sullo schermo del computer, ma questa modalità ha sempre interessato relativamente gli operatori, che, probabilmente a ragione, l'hanno ritenuta come transitoria in attesa di un'evoluzione della tecnologia.

Con la diffusione degli schermi ad inchiostro elettronico, del Kindle e dell'iPad, anche le interfacce di lettura hanno iniziato ad evolversi. Il libro elettronico come mitico connubio di contenitore e contenuto, di medium e messaggio è divenuto realtà. Potremmo dire che il medium (le nuove interfacce di lettura) non sono ancora riuscite a modificare il messaggio (i testi) [126], ma con il libro *enhanced* e interattivo di cui parleremo più avanti questa, lenta, evoluzione, sembra iniziata.

In estrema sintesi possiamo affermare che la superiorità del supporto cartaceo, ultimo baluardo di un processo produttivo che si è completamente trasformato, sta iniziando ad essere minata dai nuovi eReaders.

Sta iniziando ad essere minacciata anche per quanto riguarda la modalità di fruizione che più le è cara, quella che Giulio Lughi [117] ha ben definito *lean back*, ossia la lettura di "svago", che viene effettuata seduti sul divano, in poltrona o sdraiati a letto: la lettura *lean forward* quella professionale e di ricerca viene già da tempo svolta in buona parte allo schermo del computer, e, paradossalmente, pur con l'avvento degli eReaders dedicati, viene ancora svolta in quel modo: gli eReader, in particolare quelli con schermo a inchiostro elettronico, ma anche i Tablet, non offrono quella familiarità e quella facilità di utilizzo degli strumenti di produttività cui gli utenti sono abituati con il computer.

Certo è che, attaccato da più parti, il supporto cartaceo ha perso il monopolio e sta progressivamente divenendo meno importante.

2.1
Dal computer alla rete internet

Come già illustrato in precedenza, l'editoria digitale scientifica è veramente divenuta tale quando si è diffusa la rete internet. In un sistema nel quale la rapidità di trasmissione delle informazioni è un punto cruciale, i vantaggi della rete internet rispetto allo spostamento fisico sono evidenti.

I file pdf degli articoli possono essere a disposizione ai lettori non appena finito il processo redazionale, senza dover attendere stampa dell'intero fascicolo e spedizione. È ormai assodato che, nel caso di piccole nicchie, come tipicamente sono quelle degli studiosi di una specifica disciplina disperse territorialmente, la rete internet sia il mezzo più efficace ed efficiente per effettuare le transazioni di acquisto e vendita, tanto più se si tratta di beni digitali che diventano così immediatamente fruibili.

In questo caso, quindi, la caratteristica più sfruttata del digitale, non è tanto il digitale in sé, quanto una proprietà della rete internet, ovviamente possibile solo per il digitale, che è quella dell'abbattimento delle barriere spazio-temporali. Proprio le caratteristiche della rete internet sono un aspetto in parte trascurato della rivoluzione digitale in editoria: la possibilità di diffondere contenuti digitali senza le costrizioni temporali e spaziali della distribuzione fisica, la possibilità di interazione in tempo reale fra lettori, revisori, editori ed autori vanno a mutare il ruolo e la funzione degli attori del sistema.

Un adagio che si è ormai diffuso nel settore è quello per cui: "Vedrai che anche tutta quest'enfasi sugli eBook finirà in una bolla di sapone, come è successo ai Cd-Rom multimediali", considerazione però che manca di evidenziare come nel frattempo, oltre alle interfacce di lettura, si sia anche enormemente sviluppata l'infrastruttura internet e si sia largamente accresciuta l'esperienza e l'abitudine degli utenti alla fruizione di contenuti digitali.

Ci si è forse dimenticati che chi ha coniato la tanto abusata etichetta web 2.0 sia stato un editore, pioniere della attuale rivoluzione digitale in editoria, Tim O'Reilly [133]. In estrema sintesi il concetto, nato nel Settembre 2005, pone l'enfasi sulla capacità del web di favorire l'intelligenza collettiva. Il concetto di intelligenza collettiva [111] è stato sviluppato da Levy già agli albori di Internet, nel 1995: risulta bizzarro che O'Reilly sia diventato celebre riprendendo e applicando alla situazione del tempo, un concetto vecchio di, almeno, dieci anni. Ma a dispetto della teoria e dei precursori, come anche Douglas Engelbart, il grande merito di O'Reilly è stato il tempismo: bisogna comunque riconoscere che Facebook, il vessillo del Web 2.0, in quegli anni era un servizio pressoché sconosciuto, sia pur già esistente (da febbraio 2004).

È un editore che ha quindi colto ciò che effettivamente può rivoluzionare l'editoria, scientifica in primo luogo, ma anche non. La possibilità di collaborazione alla costruzione di nuovo sapere, la possibilità per utenti di commentare, scrivere e partecipare alla redazione di nuovi testi, la possibilità di condividere le proprie letture, i propri pensieri, i propri consigli di lettura, la possibilità di scoprire nuove letture e di averle nel giro di click e minuti: queste sono le caratteristiche che il web attuale rende effettive e che possono risultare veramente rivoluzionarie per l'editoria ed il suo modello lineare e gerarchico. La circolarità e l'anarchia della rete sono all'opposto dell'editoria come l'abbiamo sempre conosciuta: la sua crescente popolarità pone il settore davanti ad una sfida senza precedenti.

2.2 Ipertesti, eBook, learning object ed enhanced eBook

È stato quindi l'ipertesto da cui è nato tutto, ma le caratteristiche dell'ipertesto trovano piena realizzazione solo con la diffusione della rete internet. Forse per questo i primi teorici del tema hanno finito per essere dei precursori, dei visionari. Landow [107] e Bolter [16] hanno preconizzato la "morte dell'autore". Ciò non è fino ad ora avvenuto, e sono passati vent'anni, ma lo user generated content, il remixing, per dirla con etichette di questo secolo, sono fenomeni e pratiche molto diffuse, che in qualche modo possono essere interpretate come passi verso quella direzione. La portata della rivoluzione è talmente ampia che è difficile, nell'immersione in cui ci troviamo a vivere, vederne le traiettorie evolutive, soprattutto per quanto riguarda i tempi di realizzazione.

È anche vero che la produzione di ipertesti è stata effettuata, in una prima fase, da un singolo autore o da una squadra di autori, seguendo la prassi autoriale tradizionale: una probabile causa del loro insuccesso. D'altra parte, quando si parla di narrazione o di storytelling, la possibilità per il lettore di scegliere percorsi alternativi è pericolosa. Vi sono lettori che la gradiscono molto, si veda, per l'Italia, il celebre caso dei librogame delle edizioni EL negli anni '80, mentre la maggior parte invece non la apprezzano affatto. A tal proposito è scontato ricordare come quella collana fosse di tematiche ben definite, principalmente fantasy ed indirizzate ad un pubblico altrettanto ben definito, gli adolescenti, preferibilmente maschi.

Tornando all'editoria scientifica digitale l'ipertesto si vede realizzato nella possibilità, attraverso la rete, di raggiungere il testo completo dei riferimenti bibliografici attraverso un semplice link. I sistemi di biblioteca digitale ed i *link resolver (SfX,* nella mia esperienza), oltre a servizi come *Google Scholar, Scopus* e le piattaforme di singoli editori o di consorzi di editori rendono più facile accedere attraverso un semplice link agli articoli, capitoli, dati e contenuti di proprio interesse, permettendo così al lettore e ricercatore di creare ogni volta il proprio percorso di lettura, il proprio ipertesto. Questo è poi ciò che avviene in una normale sessione di navigazione, quando appunto si passa da vari luoghi sul web attraverso la rete di collegamenti. Perché l'ipertesto del web o almeno di determinati ambiti disciplinari si realizzi compiutamente è necessario che i testi siano in formato digitale.

Buona parte dell'ipertesto scientifico attuale in molti settori disciplinari è in realtà compiuto da file html o pdf, non esattamente ciò che viene ormai comunemente definito eBook.

Per libro elettronico è infatti forse ormai più corretto intendere un file che abbia la possibilità di essere letto al meglio su un qualsiasi supporto digitale, dal lettore ad inchiostro elettronico, al Tablet, allo Smartphone, al computer. Il pdf e, in misura minore, l'html non lo permettono. Vedremo nel prossimo paragrafo perché: al momento possiamo però affermare che, almeno a livello cronologico, si è tornati a parlare di eBook quando si sono diffusi i testi in formato dedicato, come il mobi, l'ePub ed il formato proprietario per il Kindle, l'azw. Seguendo le indicazioni di un visionario, da molti [182] considerato il padre dell'eBook, è proprio così. Alan Kay nel 1968, persino prima dello sviluppo del personal computer, definiva così il suo Dynabook: "a portable interactive personal computer, as accessible as a book" [104]

Sulla definizione di eBook si è a lungo dibattuto e non è mia intenzione tornare qui sull'argomento [41]; è interessante notare come tuttora non vi sia un pieno accordo sulla definizione, come si è evidenziato anche nelle statistiche di mercato presentate nel capitolo 1.

La realtà è che il processo di produzione e conversione al formato ePub è relativamente avanzato per l'editoria di varia in lingua inglese; lo è molto meno per quanto riguarda l'editoria scientifica, anche per oggettivi problemi di resa del formato, almeno prima delle definizione delle specifiche dell'ePub3, per le immagini, i grafici, le tabelle e le formule. Lo è decisamente meno per la produzione in altre lingue, sia di varia sia di professionale e scientifica. Al momento attuale parlando di eBook, in editoria scientifica, s'intendono ancora sia file pdf sia html, che ePub.

Proprio questi eBook, anche allo stadio di sviluppo attuale, possono essere considerati dei *learning object*, o anche insiemi di *learning object*, pensando ai singoli capitoli, paragrafi, test, grafici o tabelle e possono anche essere ricombinati in *learning object* più complessi ed integrati e fruiti nell'ambito di piattaforme di *eLearning* fornite dall'istituzione formativa o dall'editore stesso, o ancora da una collaborazione di entrambe.

Un *learning object* potrebbe probabilmente essere anche definito un *enhanced eBook*, tanto il termine è ancora indefinito. A grandi linee possiamo dire che con questa etichetta s'intendono i libri elettronici che non siano di solo testo, ma integrati con elementi multimediali e/o interattivi. Una visione scettica del prodotto tende a definirli come i soliti eBook con i contenuti speciali, come nel caso dei film su dvd. Chi invece è un po' meno scettico vede nell'*enhanced eBook* la riproposizione dei celebri cd-rom degli anni '90, piuttosto che delle somiglianze con i *videogame*. Un grosso problema risiede nella progettazione di un prodotto che sia veramente multimediale e interattivo, non un testo che sia arricchito da suoni, video e immagini, senza che il percorso narrativo, il modo di guidare il lettore nella storia, subisca modifiche. Altro problema è la complessità di progettazione e realizzazione di questi libri arricchiti, che divengono a tutti gli effetti delle applicazioni, con i loro noti problemi di portabilità, compatibilità e aggiornamento.

È altresì vero che esistono casi di applicazioni, di *enhanced eBook*, decisamente innovativi, che lasciano trasparire delle interessanti possibilità anche e forse soprattutto in chiave educativa e formativa. Celebre in questo senso è il caso della Touch Press con le sue applicazioni The Elements, The Solar System e la recente riproposizione di "The Waste Land" di T.S. Elliot, in collaborazione con la Chicago University Press. In particolare quest'ultimo prodotto rende bene l'idea di come un testo "classico" possa essere rielaborato con l'aggiunta di materiale multimediale che sia veramente di aiuto alla fruizione del testo, al suo studio ed alla sua comprensione più piena. Allo stesso modo possiamo definire degli *enhanced eBook* i manuali che offrono la possibilità di svolgere test e di avere le correzioni in tempo reale sul proprio schermo: l'utilità è lampante, così come la possibilità, in questo modo di includere un una quantità di informazioni e di materiali che con il solo modello cartaceo o anche dell'eBook tradizionale non sarebbe possibile. La possibilità stessa di far interagire la manualistica in formato elettronico in una piattaforma integrata, andando a sviluppare il dialogo fra editoria libraria e piattaforme di *eLearning*, come si accennava nel capitolo precedente, può essere ritenuta una forma di libro "accresciuto". La possibilità, poi, di includere nella saggistica universitaria sotto forma di *enhanced eBook* tutti i materiali grezzi di ricerca, è un altro evidente vantaggio, così come la possibilità per i lettori di utilizzare questi dati grezzi e integrare così il testo, o suggerire integrazioni all'autore per una successiva edizione.

L'*enhanced eBook* in quest'ultimo senso deve essere inteso come la possibilità di sperimentare con nuovi formati e nuove forme di narrazione e di produzione dei contenuti: che sia un'impresa economicamente viabile e vantaggiosa è presto per dirlo. Certamente lo sarà per alcuni ma non per tutti: tanti o pochi lo sapremo fra qualche anno.

2.3
I formati disponibili

L'*enhanced eBook* è allora un prodotto dell'editoria digitale che non ha uno specifico formato; è piuttosto un'applicazione, un software che può essere progettato e sviluppato nei modi più diversi, in relazione spesso all'hardware su cui dovrà essere fruito. Un'*enhanced eBook* per iPad dovrà essere sviluppato in un certo modo, differente da uno per un Tablet Android e differente dalla versione per PC. Il materiale editoriale che deve interagire su una piattaforma di integrazione, dovrà essere progettato e sviluppato secondo modalità specifiche.

Quello che vogliono raggiungere invece i formati per i libri elettronici non *enhanced* è esattamente il contrario: che lo stesso file sia leggibile indifferentemente e con le stesse funzionalità su qualsiasi supporto hardware. Una breve panoramica riepilogativa sui formati attualmente disponibili per i libri elettronici ci aiuterà a chiarire le idee su cosa sono e cosa fanno questi diversi formati.

2.3.1
PDF: la pagina a stampa

Nei PDF (Portable Document Format), l'elemento fondamentale è la resa grafica della pagina. Il formato PDF, infatti, è stato sviluppato dalla Adobe, con l'intento primario di permettere una trasmissione esatta dei file fra chi impaginava i libri e le riviste ed i tipografi. È un caposaldo della stampa digitale e del desktop publishing, la sua caratteristica principale è di mantenere lo stesso aspetto così come è stato progettato dal grafico o dall'impaginatore, indipendentemente dal dispositivo sul quale viene visualizzato, che abbia uno schermo grande o uno piccolo. Appena più tecnicamente è un formato in cui contenuto e presentazione sono intimamente legati, proprio come nel tradizionale libro a stampa, di cui infatti ancora oggi il pdf è fedele servitore. Proprio in virtù della rivoluzione nascosta avvenuta anni fa in editoria, il pdf è un file digitale e quindi leggibile anche a schermo, anche se il suo utilizzo principale dovrebbe essere quello di preservare l'esatta "immagine" della pagina per essere mandata in stampa e non fruita a video. Con versioni più recenti dello standard pdf si sono fatti passi avanti per rendere il pdf uno strumento più versatile, introducendo il concetto di "reflow", una sorta di possibilità, per il device su cui viene letto il pdf, di reimpaginarlo dinamicamente e di adattarlo alle dimensioni dello schermo, anche se come per tutti gli interventi ex-post, i risultati non sono del tutto soddisfacenti, soprattutto rispetto a ciò che è possibile fare con altri formati, come l'ePub.

2.3.2
Da Mobipocket ad Amazon Kindle

Il formato 'mobi', oltre all'estensione .mobi può essere caratterizzato dall'estensione .prc, ed è ormai sviluppato con una marcatura compatibile con ePub: al testo con le marcature viene applicata una compressione e, se lo si desidera, un sistema di protezione (drm) proprietario, che funziona in modo del tutto simile a quello di Adobe.

L'azienda Mobipocket viene fondata nel 2000 in Francia e rimane per anni una piccola società indipendente, una di quelle classiche startup innovative, con ritmi di crescita forti ed uno *slogan* ed una *mission* preveggente: "read everywhere", che si propone di raggiungere attraverso la compatibilità del formato e del software di lettura con una grande quantità di dispositivi hardware, fra cui molti palmari di inizio secolo, oltre anche ai computer windows [154]. La missione viene fatta propria da Amazon che acquista l'azienda nel 2005, due anni prima del lancio del Kindle e delle sue applicazioni di lettura che fanno esattamente quello che si proponeva la mobipocket, solo su piattaforme dei nostri giorni: iPhone, iPad, Android, Blackberry e Mac, che invece non sono mai state supportate dalla mobipocket (alcuni non esistevano ancora quando è stata acquistata!).

Proprio il tempo di due anni può far riflettere: nel 2010 Amazon ha acquistato una società specializzata nella produzione di display touchscreen a colori, la Touchco. Nel momento in cui scrivo (settembre 2011) ci sono i primi *rumors* sull'uscita di un Tablet da parte di Amazon. I dubbi possono essere solo sui tempi: per il Natale 2011 o dopo? Sul fatto che sarà un Tablet con schermo touchscreen basato su Android non ci possono essere dubbi[1].

---

[1] E infatti al momento di rivedere il testo prima di consegnarlo all'editore è stato annunciato il Kindle Fire, Tablet touchscreen con schermo 7 pollici in vendita da novembre 2011, giusto in tempo per Natale. Alla chiusura definitiva del testo il Kindle Fire si è rivelato il prodotto più venduto da Amazon per il Natale 2011, vendendo milioni di esemplari.

Il formato utilizzato dal Kindle – con estensione .azw, che abbrevia Amazon Whispernet – è una minima variante del formato Mobipocket. Tanto che i file .azw non protetti possono essere letti senza problemi utilizzando il software Mobipocket e che i file .mobi o .prc non protetti possono essere letti dal Kindle: ciò che è stato modificato è il sistema di protezione, in modo da chiudere il sistema, consentendo gli acquisti di contenuti protetti da drm "pesante", non da digital watermark, solo dai siti Amazon, ed anzi dai siti Amazon che l'azienda stessa decide (al momento con un Kindle comprato dall'Italia posso comprare solo da Amazon.com, così come da un Kindle comprato dall'Inghilterra posso solo comprare da Amazon.co.uk e così via[2]).

Sempre riguardo ai software di lettura bisogna ricordare che Amazon ha acquistato nel 2009 la Lexicicle, produttrice di Stanza, fino a quel momento la migliore applicazione per la lettura su iPhone: questo è sicuramente un aspetto di importanza strategica che Amazon presidia con attenzione. Da notare che le applicazioni di lettura di Amazon sono costantemente migliorate e sono attualmente sicuramente fra le più performanti.

2.3.3
ePub

ePub è un formato per eBook basato su un linguaggio di marcatura della famiglia XML; può essere definito come un dialetto di XML. Il linguaggio XML, alla base anche di un altro dialetto, molto utile per un flusso editoriale digitale, DocBook, è un'estensione del linguaggio HTML, ed infatti l'acronimo sta per Extended Markup Language. È un linguaggio che permette anche le DTD (Document Type Definition) ossia di definire semantiche specifiche per il dominio di interesse che si deve descrivere: è quindi molto flessibile ed è stato ben adattato, e lo sarà sempre di più, alle esigenze dell'editoria digitale. XML è alla base di diversi formati per l'editoria digitale (i vecchi OEB, LIT, ma anche MOBI e AZW). Tutti questi formati sono più o meno simili, sono tutti dei file compressi, che all'interno comprendono alcune cartelle con i contenuti del libro, testi, immagini e progressivamente anche suoni e video, opportunamente marcati, oltre ad altri file che indicano come deve essere visualizzato il contenuto (il foglio di stile), un file (container) che dirà al software che deve leggere gli ePub dove si trovano tutti i pezzi che gli servono, un file che darà l'indice e così via [22, 155].

Le caratteristiche sommariamente elencate qui fanno dell'ePub il formato principe per l'editoria digitale, proprio perché ha la caratteristica fondamentale di scindere il contenuto dalla sua presentazione, proprio come succede per il web e per i browser. In questo modo il contenuto ha la possibilità di adattarsi all'interfaccia di lettura su cui viene fruito, rendendo l'esperienza di lettura molto più agevole e gratificante.

Ciò che però si perde è un controllo fine e raffinato sull'oggetto libro. L'editore cartaceo produce libri, di cui, oltre al contenuto, controlla fino all'ultimo dettaglio anche l'aspetto e la materialità. Il libro cartaceo è un oggetto che può essere esatta-

---

[2] Ora che è stato aperto il Kindle Store Italiano con un Kindle italiano o con un conto registrato in Italia posso comprare solo dal Kindle Store italiano, e non più da quello americano.

mente così come lo vuole il suo editore. Può controllare ogni aspetto della pagina, relativamente alle gabbie di impaginazione, alle modalità di impressione e di stampa, del tipo di pagina (su che tipo di carta, con che colore, con che peso, ecc.), con quale copertina (se plastificata, se opaca, se lucida, con un colore ben definito) e così via. Il libro cartaceo viene così ad essere quel connubio unico fra contenuto e contenitore, affinato da cinquecento anni di esperienza.

Nell'eBook in ePub tutto questo non c'è: si possono definire con la stessa esattezza di prima i contenuti, ma il controllo sull'aspetto è molto più relativo, nel vero senso della parola, soprattutto perché relativo allo strumento sul quale viene visualizzato. La copertina che l'editore ha deciso di un preciso colore... verrà in bianco e nero su un lettore ad inchiostro elettronico!

L'ePub lascia spazio alla personalizzazione da parte del lettore, che può scegliere la grandezza dei caratteri con cui visualizzare il testo, il tipo di carattere, la luminosità dello schermo, lo sfondo ed i margini della pagina. Queste funzionalità permettono di ottimizzare l'esperienza in base alle personali preferenze del lettore, oltre che alle caratteristiche dell'hardware su cui si sta leggendo il testo.

Risulta evidente, che, proprio per la sua reimpaginazione dinamica e granulare, il formato ePub sia stato fino ad adesso più adatto ai libri di solo testo e comunque con impaginazioni semplici, tipicamente i romanzi, mentre i manuali scolastici, gli illustrati, i libri d'arte ed i libri con molte immagini, grafici e tabelle hanno diversi problemi di resa, che sembrano però in via di risoluzione con i miglioramenti dello standard, raccolti sotto l'etichetta di ePub3.

Perché uno standard? Perché in questo modo il lettore ha la possibilità di leggere il libro dove preferisce e l'editore può creare un eBook che possa essere letto su una molteplicità di hardware e software, senza doversi legare a questo o quel produttore. Sembra facile, messa in questi termini, ed infatti da qualche tempo tutti i maggiori *stakeholder* del settore sono nel consorzio IDPF (International Digital Publishing Forum), responsabile del mantenimento e miglioramento dello standard ePub; ma fino a qualche anno fa la guerra dei formati era molto aperta e lo è tuttora per quanto riguarda i sistemi di protezione (drm), fatto che limita comunque la portabilità di molti eBook. Una delle forze dello standard ePub è proprio quella di non entrare nel merito dei sistemi di protezione ed è quindi accettabile da tutti gli attori; una delle sue debolezze è quella di non regolamentare quest'aspetto e di rendere quindi comunque un servizio solo parziale.

2.4
I supporti hardware

Il libro cartaceo come lo conosciamo è il prodotto di una evoluzione tecnologica lunghissima. Dal *volumen*, al *codex*, al libro a stampa, al libro digitale (solo per elencare le quattro maggiori tappe) la storia del libro e della scrittura è costellata da evoluzioni graduali e rotture forti. Quella che stiamo vivendo adesso è una rottura forte, mentre la "paperback revolution" si può probabilmente solo ritenere un'evoluzione.

La storia del libro è comunque sempre una continua ricerca di supporti e interfacce migliori per avvicinare l'autore ed il lettore [183], per rendere un miglior servizio al lettore, all'editore, all'autore e a tutti gli attori del sistema.

Intimamente legate alle specificità del libro come interfaccia di lettura sono le modalità distributive, i modelli economici e le diverse forme che va ad assumere la scrittura, l'illustrazione, la presentazione grafica e, con il libro elettronico, le grammatiche multimediali.

Proprio in virtù della convinzione che il libro sia un prodotto tecnologico, nel suo connubio di contenuto e contenitore, e che la sua materialità vada a condizionare tutti gli aspetti, sia da un punto di vista creativo che commerciale, del "mondo libro", ritengo sia di fondamentale importanza approfondire, sia pur sommariamente quali sono gli aspetti tecnologici dell'hardware (il supporto) su cui sempre di più si leggono i libri elettronici. Dalle diverse possibilità a livello di supporto fisico scaturiscono poi diverse possibilità di commercializzazione, di creatività, di modelli di business, di interazione e, in definitiva, di strutturazione ed evoluzione dell'intero settore.

Prima di addentrarci in un esame più approfondito delle caratteristiche dei due principali sistemi per leggere eBook presenti attualmente sul mercato, i lettori a inchiostro elettronico e i Tablet, è necessario introdurre una distinzione trasversale a tutto il mondo dell'elettronica; quella fra dispositivi dedicati e dispositivi *multipurpose*, multifunzione. Tipicamente i primi lettori a inchiostro elettronico erano dedicati alla sola lettura, mentre i Tablet, così come gli Smartphone, sono tipicamente utilizzabili per vari scopi, come la posta elettronica, la navigazione web, la fruizione di video e audio, il gioco ed anche la lettura. Negli ultimi mesi anche alcuni lettori ad inchiostro elettronico hanno iniziato ad avere anche altre funzioni, oltre alla lettura, come la possibilità di consultare la posta elettronica, di fare alcune navigazioni sul web, di condividere la propria esperienza di lettura attraverso i social network. Pur con queste innovazioni rimangono comunque degli oggetti, la cui funzione principale è quella della lettura, mentre per i Tablet e gli Smartphone non vi è una funzione principali definita dalla struttura hardware, è solo l'utilizzo del singolo che la determina quale, fra le molte possibili, diviene la principale.

Anche questa caratteristica ha ovviamente enormi implicazioni per le case editrici: sugli eReader dedicati sarà possibile veicolare e fruire contenuti principalmente testuali, molto simili a quelli tradizionalmente veicolati e fruiti sul libro cartaceo, pur con alcune differenze ed evoluzioni (come la possibilità di fruire il testo elettronico e di condividere l'esperienza in modo istantaneo attraverso il web), mentre con i Tablet sarà possibile far evolvere le forme di creatività verso la multimedialità e l'interattività, rendendo sempre più labile il confine con i videogiochi e offrendo forme d'intrattenimento, in cui il testo abbia sempre un ruolo centrale, ma non sia più esclusivo.

Sotto quest'aspetto non è da dimenticare l'enorme evoluzione che è avvenuta a partire dalla fine degli anni '90 nell'editoria scientifica, dove sono avvenute, come già accennato nel capitolo primo, le prime sperimentazioni su contenuti digitali per la ricerca, con la creazione di *virtual libraries*, tematiche o generaliste, database con accesso ai full-text oltre ai grandi progetti di digitalizzazione, sia pubblici sia privati e a opere di *reference* che sfruttano le possibilità di ricerca dentro al testo e

2.5
La rivoluzione eInk

Una delle principali accuse ai lettori dedicati di prima generazione, nati e morti nel giro di pochi anni, insieme alla bolla della New-Economy, a cavallo del secolo, era che leggere allo schermo retroilluminato lcd stancasse gli occhi e non fosse quindi possibile utilizzarli a lungo, come normalmente si fa con un libro. In questo la carta rimaneva superiore. Gli schermi ad inchiostro elettronico risolvono questa criticità: sono degli schermi elettronici, che però non sono retroilluminati, ed utilizzano l'elettricità solo per i cambi pagina. Una volta impressa la pagina sullo schermo rimangono sostanzialmente "spenti", anche se nella pratica spesso non è così: alcuni rimangono in standby, altri rimangono collegati alla rete wifi o 3g e quindi qualcosa consumano comunque, pur in misura molto inferiore agli altri tipi di dispositivi che montano altri schermi.

Gli schermi ad inchiostro elettronico sono basati su un contenitore trasparente e sigillato al cui interno si trovano delle particelle chimiche di inchiostro elettronico, per ora bianche e nere, nel 2012 anche a colori, che, su indicazione del software, vanno a posizionarsi per andare a creare (per analogia potremmo dire a "stampare") la pagina che si vedrà sullo schermo stesso.

La resa, in particolare con le evoluzioni della tecnologia messe sul mercato in questi ultimi due anni (*eInk pearl*), è molto buona. Sembra di trovarsi di fronte ad una pagina di carta stampata, con la differenza che questa pagina può cambiare migliaia di volte con la stessa carica di batteria, e che la memoria del *device* è capace di visualizzare migliaia di libri e centinaia di migliaia di pagine.

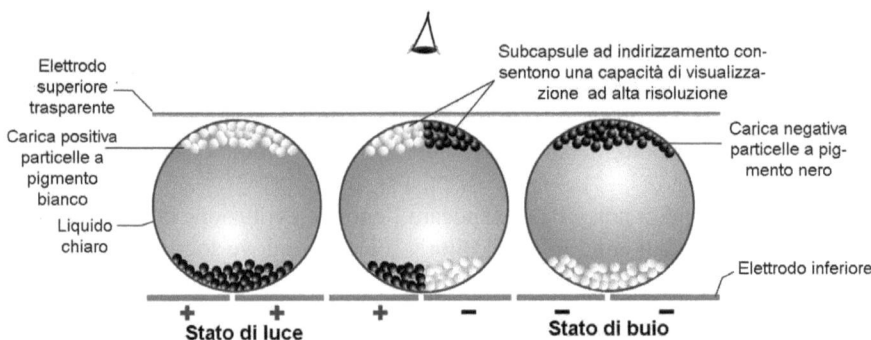

Figura 2.1 L'inchiostro elettronico (modificata da: eInk Corporation)

Proprio come un libro, e a differenza dei Tablet e dei computer, ha bisogno di luce esterna perché si possa leggere. Si legge cioè bene in pieno sole all'aperto, in spiaggia, mentre non si legge nel buio della camera da letto.

È anche vero che il tempo per cambiare la pagina, pur sensibilmente migliorato nell'arco di pochi anni (chi ha avuto un iLiad della iRex ed ora ha un Kindle o un altro modello uscito nel 2010/2011 concorderà sicuramente), rimane sempre percettibile all'utente, e da alcuni è vissuto con fastidio. Il tempo non è sostanzialmente diverso (si tratta comunque di millisecondi) da quello impiegato per girare la pagina di un libro cartaceo, ma è più lungo del tempo impiegato per sfogliare una pagina su un Tablet.

La famiglia di *device* che utilizza questa tecnologia è stata inaugurata dal Sony Libriè nel 2004, modello non ufficialmente commercializzato in occidente, mentre i primi *devices* a raggiungere il mercato europeo sono stati appunto l'iLiad della ormai defunta iRex nel 2006 e i lettori della Sony, i vari Sony PRS, a partire sempre dal 2006. A fine 2007 arriva poi, negli Stati Uniti, il Kindle di prima generazione, che si evolve fino alla terza nel 2010. Dal 2009 è anche ufficialmente disponibile per l'acquisto in Europa, Italia compresa. Nel frattempo sono uscite una quantità di modelli, prodotti da diverse case, fra alcune specializzate in questi *devices* (la francese Bookeen, la cinese Hanvon, la russa Pocket Book fra gli altri), oltre a molte delle maggiori (Samsung, Asus e Acer su tutti) e ad alcune librerie, sulla spinta del successo di Amazon, in alcuni casi con buon successo (si veda il Nook di Barnes and Nobles, in particolare il Nook Touch uscito nel 2011, a detta degli esperti il miglior eReader eInk oggi disponibile), in altri forse meno come il caso delle italiane Telecom con Biblet e IBS con Leggo (entrambi modelli prodotti in oriente ed etichettati come italiani).

2.6
Tablet e SmartPhone

L'iPhone della Apple ha venduto, come ha dichiarato il suo ex AD recentemente scomparso, Steve Jobs, più di cento milioni di esemplari, da giugno 2007, data del suo lancio, fino al marzo 2011, data di lancio dell'iPad2, in cui sono stati rivelati questi dati. Invenzione dell'anno 2007 per "Time magazine" è sicuramente quello che gli americani definiscono un *game changer*. Nel campo della telefonia ha rivoluzionato le gerarchie di mercato, spodestando aziende che fino a quel momento erano considerate all'avanguardia, come Nokia e Motorola. Che sia un'invenzione è probabilmente questionabile, che abbia rivoluzionato il mercato dei telefonini è un dato di fatto. Le tecnologie adottate erano già disponibili prima; il grande merito è stato quelle di assemblarle molto bene e di farle funzionare altrettanto bene, senza dimenticare ottime campagne di marketing, rese più semplici da un ottimo design ed un'usabilità sorprendente.

Gli Smartphone, dopo l'iPhone, sono diventati veramente quello che volevano essere i palmari degli anni '90, dei veri e propri computer, veramente portatili.

Per dare le dimensioni del rapporto con la rivoluzione dell'inchiostro elettronico, dove vera rivoluzione c'è stata, dal punto di vista tecnologico, i Kindle venduti non superano probabilmente i cinque milioni e tutti i *devices* ad inchiostro elettronico sono sicuramente sotto i dieci milioni.

Non è quindi utile dibattere su quale tecnologia sia la migliore, quanto rendersi conto delle specificità di ognuna e della loro diffusione.

L'unico aspetto dove l'iPhone offre, dal punto di vista strettamente tecnologico, qualcosa di molto avanzato sul mercato, è la risoluzione del suo schermo, che, nel modello 4S, ultimo disponibile, riesce ad eguagliare quello della carta, arrivando a 326 dpi. La responsività del touchscreen, ma soprattutto l'enorme quantità e qualità di applicazioni presenti sull'*app store* di Apple completa poi la ricetta che si è rivelata di successo.

L'iPhone permette quindi di leggere, oltre che compiere molte altre operazioni, su uno schermo nitido quanto la carta. Questo schermo, però, è retroilluminato come quello di un computer e, secondo molti, stanca di più la vista, proprio per questa caratteristica. Lo schermo di dimensione ridotta, intorno ai 3 pollici, è perfetto per l'utilizzo in mobilità, meno per gli altri utilizzi, sia di produttività sia di svago *lean back*.

In tutto simile all'iPhone, eccetto che per le dimensioni dello schermo e per la risoluzione dello stesso, è l'iPad, lanciato nell'aprile 2010, fino ad ora pressoché sinonimo di *tablet computer*. Sempre al lancio dell'iPad2, in marzo 2011, le vendite erano state di quindici milioni di esemplari, circa il 75% del mercato complessivo dei Tablet. Solo questo modello ha venduto nel 2010 e venderà nel 2011 di più di tutti gli altri messi insieme [160], raggiungendo probabilmente la ragguardevole cifra di quaranta milioni di esemplari.

Cambiando le dimensioni dello schermo i Tablet sono diretti concorrenti dei lettori ad inchiostro elettronico anche per lettura di svago, permettendo però di leggere anche riviste a colori, di vedere video e immagini a colori, oltre a poter fare moltissime delle operazioni che si svolgono normalmente con un computer. Come su un computer è possibile fruire di applicazioni multimediali e interattive, i famosi *enhanced eBook*, con alcune peculiarità del mezzo, come la capacità di far reagire alcuni elementi sullo schermo all'inclinazione data alla tavoletta, oltre che ovviamente al tatto di specifici elementi; piuttosto che sfruttare la geolocalizzazione ed offrire quindi al lettore i contenuti pertinenti alla sua posizione: si pensi alle possibilità di evoluzione, già in parte realizzate, nel campo delle guide turistiche.

Più o meno le stesse possibilità sono ormai offerte anche da altri prodotti: non vorrei apparire come un *apple maniac*! Sia fra gli SmartPhone sia fra i Tablet il più grosso concorrente dei sistemi Apple, in termini di software, è Android, il sistema operativo sviluppato da Google. La differenza fondamentale a livello di *business model* e di "filosofia" è la chiusura del sistema Apple e l'apertura del sistema Google. Android è rilasciato con licenza Open Source in modo che sia possibile modificarlo ed implementarlo liberamente su hardware diversi. Samsung è forse l'azienda produttrice di hardware che ha sviluppato le soluzioni più fortunate con Android (i prodotti della serie Galaxy, per cui ha anche una causa di plagio aperta con Apple).

2.6 Tablet e SmartPhone

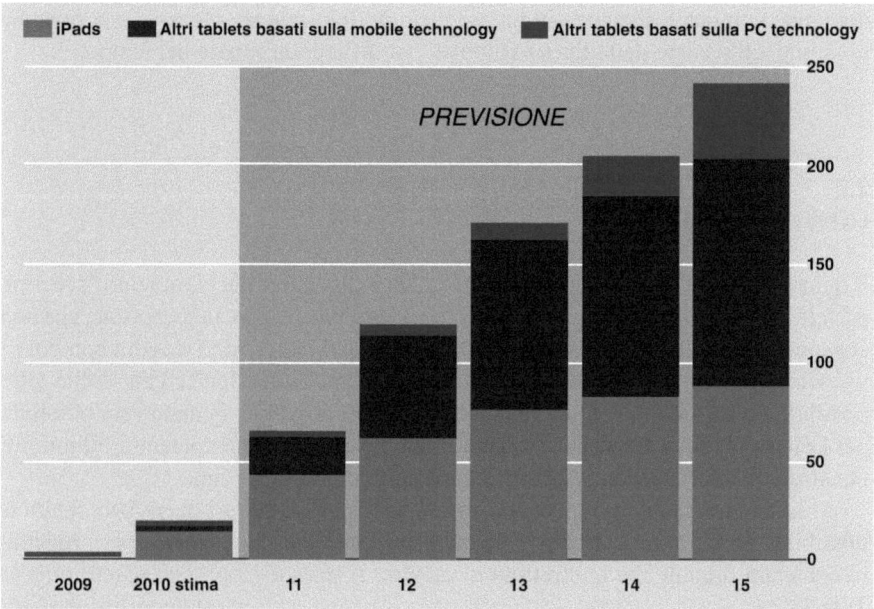

Figura 2.2 Fornitura globale dei tablet computers. Previsioni di vendita (modificata da: da IHS i Suppli)

Il Tablet più celebre in ambito strettamente editoriale, almeno prima del lancio del Kindle Fire, è il Nook Color prodotto da Barnes and Nobles, che ha registrato un ottimo successo negli Stati uniti, dove è diventato il riferimento per la fruizione di riviste a colori, libri di cucina e libri per bambini, tutte tipologie di prodotti editoriali dove il colore risulta fondamentale.

Analisti autorevoli prevedono che il dominio di Apple nel settore dei Tablet non durerà a lungo (Fig. 2.2), anche se bisognerà valutare quale altra "diavoleria" sarà commercializzata nei prossimi anni: Apple si è dimostrata molto coraggiosa nella sua politica di lancio di nuovi prodotti. Quando nel 2007 ha lanciato l'iPhone, il suo iPod era leader di mercato nel settore dei lettori di mp3 ed ha lanciato un prodotto che ricomprendeva tutte le funzioni del suo leader di mercato, aggiungendone altre, per diventare leader di un altro mercato, più importante, pur ovviamente penalizzando le vendite del leader precedente.

La previsione, in questo settore, è ad alto rischio. Le variabili sono moltissime, dall'evoluzione tecnologica, nei diversi settori, alle complesse interrelazioni dei diversi attori di mercato e delle dimensioni economiche, sociali ed anche politiche. In particolare, solo per fare l'esempio delle tecnologie relative alla produzione di schermi le tecnologie OLED, Mirasol o dell'Electrowetting, promettono di mettere insieme il meglio dell'inchiostro elettronico con le possibilità degli schermi lcd. Ma quando saranno disponibili sul mercato a prezzi accessibili? Quando avranno successo? È davvero difficile fare anche solo una previsione ragionevole e puntuale circa uno degli aspetti: farne sull'evoluzione di un intero settore, anche ristretto come quello dei tablet computer, diviene più un esercizio di divinazione, anche se è comunque possibile intravedere delle linee evolutive, pur difficili da situare nel tempo.

2.7
Lo schermo perfetto?

È quindi facile prevedere che arriveremo ad un momento in cui ci sarà uno "schermo perfetto" che non stancherà gli occhi, che sarà possibile leggere in pieno sole, che non consumerà tanta batteria, che darà la possibilità di vedere video e audio con colori vivissimi, che darà l'esperienza della visione in tre dimensioni e chissà che altre possibilità e funzionalità. Dire quando questo sarà possibile, quando sarà possibile per l'utente medio acquistarlo, e quando sarà possibile trovare contenuti ottimizzati per sfruttare questo schermo perfetto, è compito molto più arduo.

Al momento attuale potrebbe già essere utile per gli editori avere ben chiare le possibilità attuali e pensare che possano essere un punto di partenza per progettare contenuti digitali che le sfruttino al meglio. A questo scopo può essere utile la Tabella 2.1.

Nella valutazione però dell'efficacia dei contenuti digitali non bisogna, a mio parere, sovrastimare le problematiche legate alla fruizione, date dallo stadio di evoluzione attuale dell'hardware. Il tasso di evoluzione è molto rapido; viene commer-

Tabella 2.1 Caratteristiche principali eInk vs Tablet

eInk	Tablet
• **BISTABILE**: immagine statica • **ECONOMICITÀ**: poco consumo elettrico • **LEGGIBILITÀ**: si leggono in pieno sole • **NON RETROILLUMINATO**: non stanca la vista • **DURATA DELLA BATTERIA**: da 5000 impressioni di pagina in su • **MEMORIA INTERNA**: almeno 500 libri	• **SCHERMO LCD/RETINA**: come un normale computer • **VERSATILITÀ**: possono fruire quasi qualsiasi contenuto digitale • **PORTABILITÀ**: poco peso e dimensioni contenute • **RETROILLUMINATO**: si legge anche al buio, non bene in pieno sole • **DURATA DELLA BATTERIA**: da 5000 senza connessione wifi/3g anche 10/12 ore • **MEMORIA INTERNA**: dai 4 Gb in su, migliaia di libri e contenuti multimediali

cializzato un lettore con nuove e più avanzate funzionalità ogni 3/6 mesi, quando la progettazione e la realizzazione di nuovi contenuti digitali, in cui vi sono non solo nuovi contenuti ma anche nuove strutture, può essere un processo per cui sono necessari diversi mesi.

Cosa pensano studenti e docenti universitari dell'eBook e dei testi digitali

3.1
Il ruolo dell'indagine empirica nell'analisi del settore

In questo capitolo verranno presentati i risultati di un'indagine empirica, svolta attraverso una *survey* quantitativa somministrata online, sulle opinioni, le percezioni e i comportamenti dichiarati di utilizzo degli eReaders, e quindi dell'hardware, sia esso il lettore a inchiostro elettronico, il Tablet o anche semplicemente lo Smartphone, ma anche dei contenuti, con un focus sull'utilizzo della manualistica, segmento chiave per l'utilizzo in ambito universitario.

Il questionario è composto da diverse domande, suddivise in due sezioni principali, la prima dedicata alla rilevazione dell'effettivo utilizzo e possesso degli eReaders, nonché al valore percepito delle loro caratteristiche principali. La seconda parte è invece dedicata a comprendere che atteggiamento hanno gli intervistati verso l'utilizzo di contenuti, in particolare di contenuti per la didattica, in formato digitale. La parte dedicata al rilevamento delle opinioni e delle dichiarazioni di utilizzo degli eReader rileva dati empirici rilevanti di per sé, oltre a fornire un punto di partenza su cui basare l'interpretazione delle traiettorie di sviluppo. Infatti, attraverso l'analisi di correlazioni statisticamente significative e una *cluster analysis*, emergerà chiaramente un rapporto di correlazione diretta fra utilizzo degli eReader e accettazione del contenuto digitale.

È interessante evidenziare come l'analisi sia stata rivolta a diversi gruppi sociali e professionali: studenti, professori e personale amministrativo degli atenei italiani. Questo ci ha permesso di evidenziare eventuali differenze nell'utilizzo degli eReaders, dei contenuti digitali e nelle percezioni della loro utilità, legate a variabili non solo anagrafiche, ma anche di status.

In ambito italiano, allo stato attuale non risulta essere stata compiuta alcuna ricerca simile, in particolare con un campione così ampio. Non mi risulta che sia stata compiuta una ricerca sulle percezioni, gli atteggiamenti e le dichiarazioni sui comportamenti di utilizzo degli eReaders e neanche relativamente all'utilizzo di contenuti digitali per la didattica universitaria. Essendo quindi la prima ricerca in Italia specificatamente su questi temi, le finalità primariamente descrittive risultano pienamente giustificate.

Una ricerca come quella che ci accingiamo a presentare può rappresentare un punto di partenza per la comprensione di un campo complesso come quello dell'editoria universitaria digitale italiana e dell'utilizzo dei nuovi supporti di studio e lettura in quest'ambito. Cercheremo di dimostrare che effettivamente è possibile ipotizzare alcune traiettorie evolutive, che anzi risultano evidenti dall'analisi dei dati e delle correlazioni. Quello che è però necessario precisare è che una validità teorica e riscontrata dai nostri dati non è legata direttamente a una dimensione temporale, e quindi le traiettorie evolutive evidenziate non vengono specificate in base a questa dimensione. La ricerca quindi, come viene presentata qui, può essere ovviamente indicativa delle tendenze in atto e quindi delle traiettorie evolutive, ma non indica delle precise strade che possano essere seguite a livello aziendale. La progettazione delle strategie aziendali nel settore editoriale, in questa fase storica, è oltremodo complessa: speriamo tuttavia che questo lavoro possa aiutare nel delineare alcuni aspetti importanti del quadro. Senza però dimenticare che qui vengono trattati solo alcuni, importanti, aspetti. Le considerazioni e le analisi svolte negli altri capitoli possono contribuire a delineare il panorama con un maggiore grado di definizione.

3.2
La metodologia della ricerca

3.2.1
Il questionario

La novità dei temi indagati ha reso necessaria una fase di progettazione abbastanza prolungata che ha beneficiato dello studio di ricerche assimilabili, non per metodo ma per tematiche trattate, in ambito anglosassone, che verranno affrontati più oltre in questo capitolo. La vastità del campo oggetto di indagine avrebbe meritato un questionario decisamente lungo e corposo, ma la decisione di somministrarlo, principalmente, attraverso internet, ha reso necessaria la riduzione al minimo le domande e il tempo di compilazione.

Il questionario è risultato quindi avere poco più di trenta domande e un tempo di compilazione di circa quindici minuti.

La considerazione che una parte degli intervistati avrebbe potuto non essere a conoscenza di alcuni dei temi indagati ha reso necessario l'inserimento di due brevi intermezzi descrittivi dei fenomeni su cui poi si sarebbe chiesto un parere, entrambi leggibili in meno di un minuto.

Il questionario da somministrare per via telematica è stato sviluppato grazie all'ausilio di un software online opensource installato presso la facoltà di psicologia dell'università di Milano Bicocca, LimeSurvey. Il software aiuta sia nella strutturazione del questionario stesso, con un'ampia possibilità di formulazione delle domande, di formulazioni condizionali e di script di controllo, oltre ad un sistema di controllo della provenienza dei rispondenti, di conteggio del tempo impiegato per rispondere e del punto di eventuale abbandono della compilazione del questionario stesso.

Si è scelto di inserire le domande demografiche al termine del questionario, in modo da ottenere il massimo grado di attenzione (che normalmente si ha all'inizio della compilazione) per le domande relative alle percezioni sull'utilità di alcune caratteristiche dei prodotti editoriali elettronici e alle dichiarazioni sull'utilizzo degli stessi.

Seguendo la prassi di questo tipo di ricerche, volte a individuare le opinioni e le percezioni degli intervistati, si è assunto che esista un *continuum* latente discretizzabile e che pertanto sia possibile costruire una scala ordinale monotona crescente al crescere della predisposizione favorevole del rispondente, in relazione all'oggetto della domanda. Il tipo di scala prescelto, per le domande che intendevano misurare le percezioni e la valutazione degli intervistati, è stato il *likert* [108], seguendo in questo modo una prassi diffusa e comune.

La fase di pretest, svolta, in un primo momento, grazie all'aiuto di alcuni colleghi, amici ed esperti del settore[1], in modo informale, ha portato a quattro successive riformulazioni dello stesso. Una volta arrivati alla versione definitiva del questionario stesso si è somministrato lo stesso a cinque docenti universitari, cinque studenti e due bibliotecari[2] in qualità di esperti, in modo da poterne valutare la validità e l'affidabilità.

I commenti ricevuti sono stati poi rielaborati nella versione definitiva del questionario. A questo proposito, data la doppia modalità di somministrazione, è stato necessario sviluppare due versioni del questionario stesso. La prima elettronica è stata sviluppata e somministrata grazie al servizio sopraccitato, la seconda, cartacea proveniva direttamente dalla versione online, essendo stata stampata dal sito stesso dove era possibile compilarla online.

3.2.2
Il campionamento

La popolazione di riferimento, gli afferenti alle università italiane, siano essi studenti, docenti, ricercatori o personale amministrativo è relativamente vasto e non è stato possibile quindi includerlo nella sua interezza nella ricerca. Grazie alla collaborazione del gruppo della CRUI dedicato all'acquisizione delle risorse elettroniche, CARE, ora "congelato" in attesa di riorganizzazione, si è coinvolto, grazie alla partecipazione dei responsabili dei sistemi bibliotecari di ateneo, il personale di sette atenei italiani: Università di Milano Bicocca, Politecnico di Torino, Università di Verona, Università di Bolzano, Università di Bologna, Università di Napoli Federico II e Seconda Università di Napoli.

Queste università sono state scelte in quanto appartenenti ad aree geografiche diverse e aventi un buon numero di facoltà sia nelle scienze dure sia in quelle umanistiche e sociali. Sono anche state scelte in virtù della disponibilità dichiarata da parte dei responsabili dei sistemi bibliotecari di ateneo, che quindi ha permesso al-

---

[1] Ringrazio qui in particolare Luca Andrighetto, Alessandro Gallo e Andrea Angiolini.
[2] Non solo per questo aspetto, devo sentitamente ringraziare Paolo Ferri.

l'invito e-mail di essere spedito attraverso il sistema di distribuzione postale dell'ateneo, apparendo quindi come un messaggio interno, che avrebbe invogliato alla risposta.

Gli inviti a rispondere al questionario sono stati spediti attraverso le mailing list ufficiali di ateneo, indicando un link da cliccare al quale si trovava il questionario online, verso fine gennaio 2011. Il questionario è rimasto disponibile online fino a fine febbraio 2011 per sei atenei. Un ateneo, il Politecnico di Torino, ha inoltrato l'invito a rispondere in seguito, verso fine febbraio 2011 e quindi il questionario è stato chiuso a fine marzo 2011.

L'analisi dei tassi di risposta rivela che, come purtroppo per la maggior parte dei questionari online, il problema della selezione spontanea dei rispondenti può essere definito reale.

I vantaggi della somministrazione via internet, oltre alla maggiore economicità, sono costruiti dalla possibilità di inserire controlli dinamici alle risposte, di inserire domande condizionali che permettevamo o meno la risposta alla seguente e di non presentare il problema della restituzione e della raccolta degli stessi. I questionari, non appena compilati, sono infatti immediatamente disponibili, in formato elettronico al ricercatore.

Il problema principale, che si rispecchia chiaramente nei dati raccolti, è appunto relativo alla selezione spontanea dei rispondenti. Vedremo come gli stessi si caratterizzino in modo abbastanza netto per essere utenti frequenti delle risorse elettroniche, mentre la popolazione nel suo complesso è ipotizzabile che lo sia in misura in qualche modo minore. È comunque interessante analizzare i dati, anche alla luce di questa considerazione, se andiamo a pensare che la diffusione degli eReader, come cercherò di argomentare in seguito, è in qualche misura ineluttabile.

3.3
I risultati

Verranno ora presentati in maniera estensiva i dati della ricerca. In questa sede verrà pubblicata la maggior parte dei dati aggregati risultanti dalla *survey* e verrà proposta qualche correlazione, tesa a evidenziare alcune possibili linee evolutive. Maggiori elaborazioni sono state effettuate in un rapporto di ricerca, di cui questa pubblicazione è solo parte.

Prima di tutto andiamo ad analizzare i tassi di risposta, che potremmo definire in linea con i tassi media di risposta dei questionari online. Il 6,56% è infatti un risultato più che accettabile, ed è in particolar modo rilevante, per una ricerca di questo tipo, il numero complessivo decisamente cospicuo di rispondenti.

A questo proposito è necessario evidenziare come il numero totale del campione sia stato solo stimato e non affidabile in termini assoluti, anche se l'ordine di errore è stimabile in alcune decine di unità. Il numero degli studenti iscritti e quello dei docenti è infatti noto dai dati del MIUR, non altrettanto si può dire di quello del personale amministrativo.

Tabella 3.1 Tassi di risposta

	Studenti+Docenti+Amministrativi
Campione	33672
Rispondenti	2209
Percentuale	6,56%

Da notare inoltre che in alcune delle università che hanno partecipato alla ricerca non è stato possibile inviare l'invito a rispondere a tutti gli studenti o ai docenti, come ad esempio nel caso della Università di Napoli Federico II e Università di Bologna, dove sono stati invitati a rispondere solamente i bibliotecari di ateneo.

Infine non bisogna dimenticare che l'invito a rispondere via e-mail può non essere stato visto o preso in considerazione e quindi il campione della tabella qui sotto è da ritenersi come un limite massimo. Alla luce di queste considerazioni il tasso di risposta può definirsi soddisfacente, anche in relazione ai dati delle letteratura internazionale [3, 170].

3.3.1
Caratteristiche dei rispondenti

Tutta la nostra trattazione, almeno per quanto riguarda i dati demografici e alcune risposte chiave, verrà presentata in doppia modalità, ossia con e senza i dati comprendenti i rispondenti del Politecnico di Torino. Questo principalmente per una ragione: i rispondenti da questa istituzione sono stati più di 1100, e quindi più del 50% dei rispondenti complessivi. L'obiezione che sarebbe stato opportuno effettuare delle correzioni al campione è legittima. Analizzando però i dati delle risposte sull'utilizzo, possesso e percezioni circa l'oggetto della nostra ricerca vedremo come gli scostamenti fra le due classi di rispondenti non siano significative e quindi abbiamo deciso di non effettuare alcuna correzione.

Il dato è poi significativo anche in sé: è opinione diffusa che le facoltà scientifiche e le giovani generazioni siano utenti in qualche modo più avanzati dei prodotti di editoria digitale rispetto alle facoltà umanistiche e sociali e alle generazioni più anziane. Se pur è possibile riscontrare questa tendenza nei nostri dati, non lo è in maniera così eclatante come la vulgata tende a proporre. Vi sono poi sicuramente cause riconosciute ed effettive di questa tendenza, in primis la maggiore disponibilità, sia quantitativa sia temporale, di contenuti digitali per questo tipo di utenza, ma che non scaturiscono gli effetti che da più parti ci si aspetta.

I tassi di risposta suddivisi per disciplina (Fig. 3.1 e 3.2) dimostrano come effettivamente la presenza dei rispondenti del Politecnico sia significativa. Senza i rispondenti del Politecnico abbiamo una distribuzione abbastanza omogenea, che invece va a essere sbilanciata verso le facoltà di Ingegneria e Architettura con i dati del Politecnico. Vedremo però come non ci sia correlazione statisticamente significativa fra facoltà di appartenenza e alcune delle dimensioni chiave dell'utilizzo e delle percezione di eReaders e contenuti digitali.

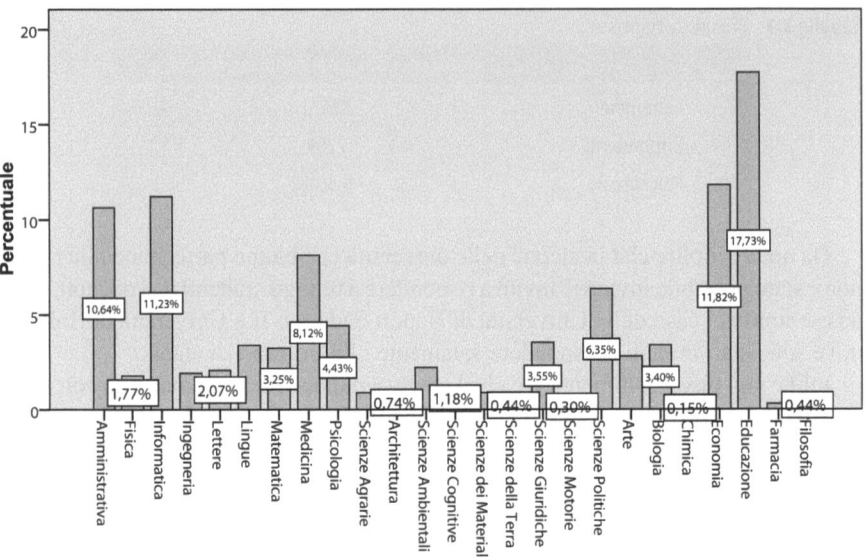

Figura 3.1 A che area afferisci? Rispondenti per disciplina di appartenenza, senza dati Politecnico di Torino

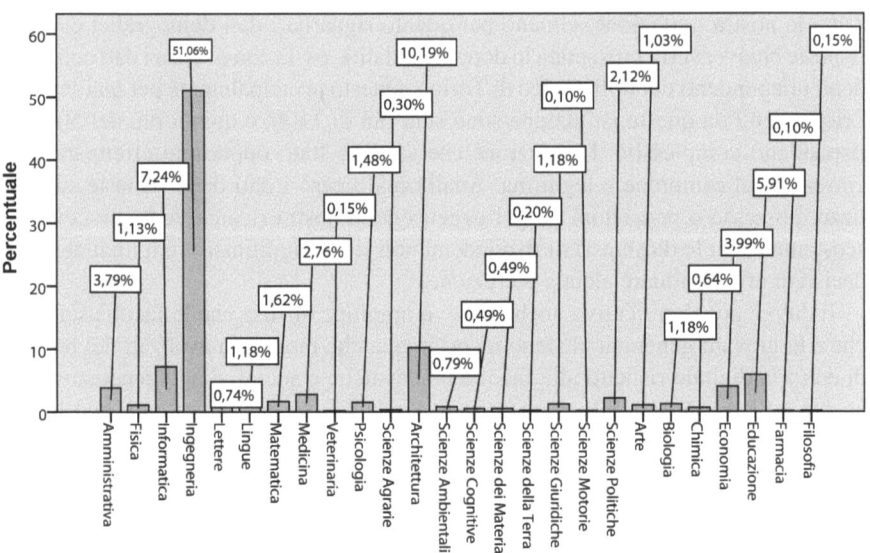

Figura 3.2 A che area afferisci. Rispondenti per disciplina di appartenenza, con dati Politecnico di Torino

Tabella 3.2 Età dei rispondenti con Politecnico

Età	Valore Assoluto	%
Sotto i 26	1197	59,2
26–35	412	20,4
36–45	217	10,7
46–55	122	6,0
56–65	68	3,4
Sopra i 65	6	0,3
Totale	2022	100,0

Tabella 3.3 Età dei rispondenti senza Politecnico

Età	Valore Assoluto	%
Sotto i 26	147	21,7
26–35	205	30,2
36–45	164	24,2
46–55	97	14,3
56–65	60	8,8
Sopra i 65	5	0,7
Totale	678	100,0

Il risultato dei rispondenti suddiviso per genere di appartenenza evidenzia un 44,10% di rispondenti maschi e un 55,90% di rispondenti femmine, nei dati senza il Politecnico, che si va a ribaltare nettamente con l'aggiunta dei dati del Politecnico, università e facoltà a forte presenza maschile: 63,60% maschi e 36,40% femmine.

Il dato relativo all'età dei rispondenti, invece, pur evidenziando un tasso di mancata risposta abbastanza alto, dovuto probabilmente dal fatto di costituire l'ultima domande del questionario stesso, evidenzia come gli utenti giovani (meno di 26 anni), nei dati comprensivi del Politecnico siano la maggioranza, mentre la distribuzione è molto più bilanciata nei dati che escludono il Politecnico.

Anche il ruolo ricoperto nell'istituzione di appartenenza (Fig. 3.1 e 3.2) evidenziano una grande differenza nelle due classi di dati, dove nei risultati che non coinvolgono il Politecnico vediamo una grande presenza di personale amministrativo e bibliotecario, poiché in alcuni casi è stato possibile interpellare solo parte degli afferenti, escludendo appunto gli studenti, mentre nei dati con il Politecnico le percentuali rispecchiano dei rapporti più corretti rispetto alla popolazione di riferimento.

I dati del MIUR per l'Università di Bologna, ad esempio, danno un rapporto fra iscritti e corpo docente inferiore al 4%, mentre nel nostro campione il rapporto è del 17,89%. Vi è certamente uno scostamento significativo di cui è necessario tenere conto nel corso dell'analisi: per fare fronte a questo sbilanciamento verranno proposte delle correlazioni fra lo status di studente e alcune percezioni fondamen-

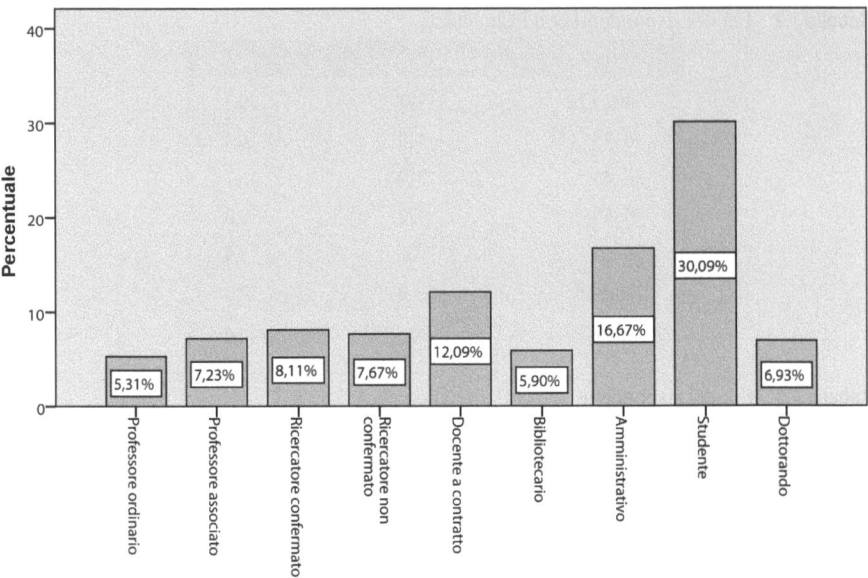

Figura 3.3 Ruolo ricoperto in università, dati senza Politecnico di Torino

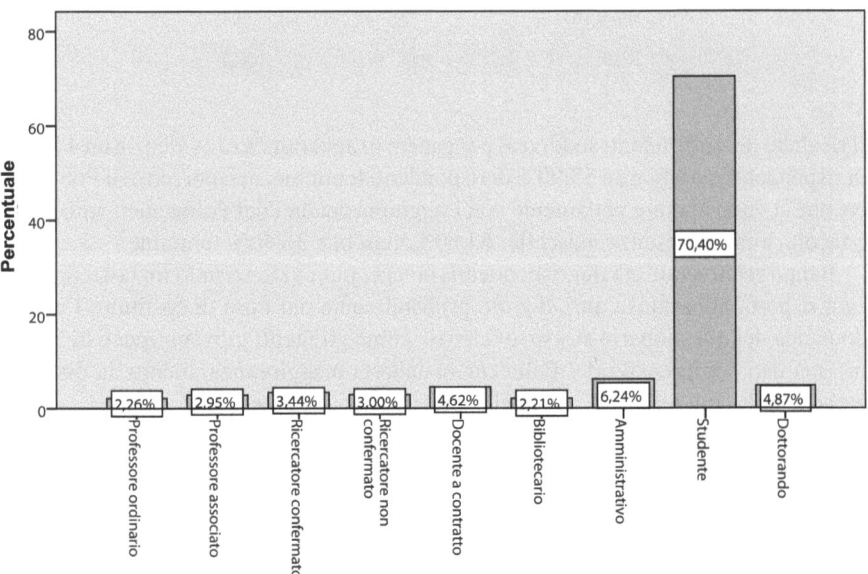

Figura 3.4 Ruolo ricoperto in università, dati con Politecnico di Torino

tali sull'utilizzo e le funzionalità di eReaders e contenuti digitali, in modo da valutare meglio quali sono gli atteggiamenti e le opinioni di questo gruppo sociale, chiaramente preponderante nella nostra popolazione di riferimento.

3.3.2
Le opinioni e l'utilizzo degli eReader

La prima sezione del questionario è stata dedicata a rilevare le dichiarazioni sul possesso di strumenti per la lettura digitali, gli eReaders, oltre alle opinioni e ai comportamenti di utilizzo degli stessi.

Il possesso di strumenti per la lettura digitale (Fig. 3.5) è decisamente alta, e a proposito è necessario introdurre una considerazione che varrà per tutta l'analisi dei risultati di ricerca. La domanda cui si vuole cercare di rispondere, o almeno cui si vuole cercare di fornire una risposta approssimata, è quale sia la reale penetrazione di questi strumenti nel campione e quindi nella popolazione obbiettivo, dato che i risultati qui presentati si riferiscono alla sola popolazione dei rispondenti. È ragionevole ipotizzare a questo proposito che la percentuale di possesso effettivo sia compresa tra un valore minimo (nell'ipotesi che i "non rispondenti" non posseggano lettori digitali o li posseggano sporadicamente) e un valore massimo (nell'ipotesi che la popolazione dei non rispondenti sia invece caratterizzata da possessori, come nel caso dei nostri rispondenti). A questo proposito pare ragionevole ritenere che i rispondenti siano possessori più frequenti dei prodotti editoriali di-

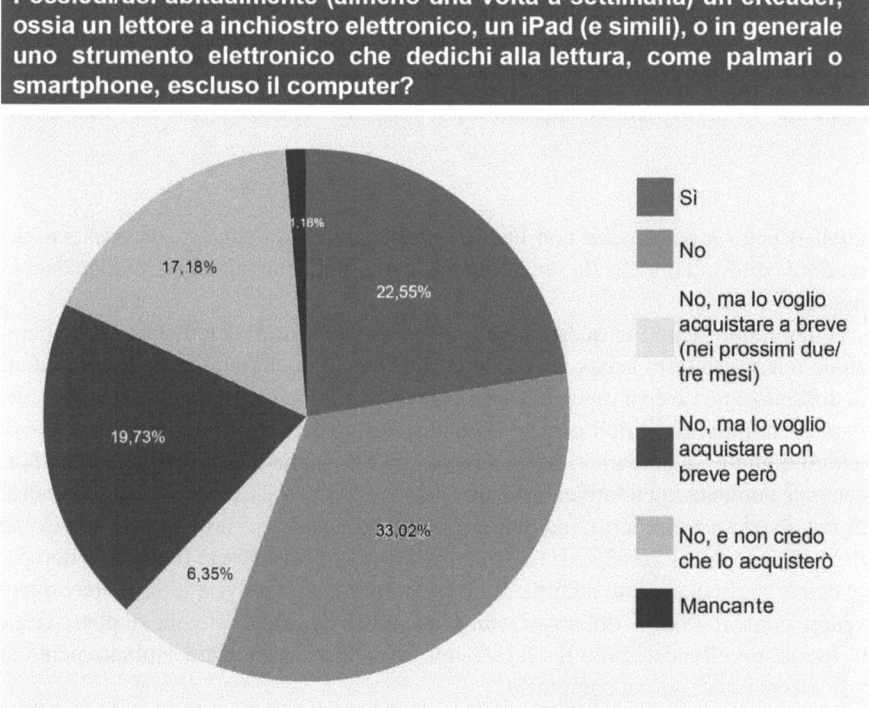

Figura 3.5 Possesso e utilizzo eReaders con Politecnico Torino

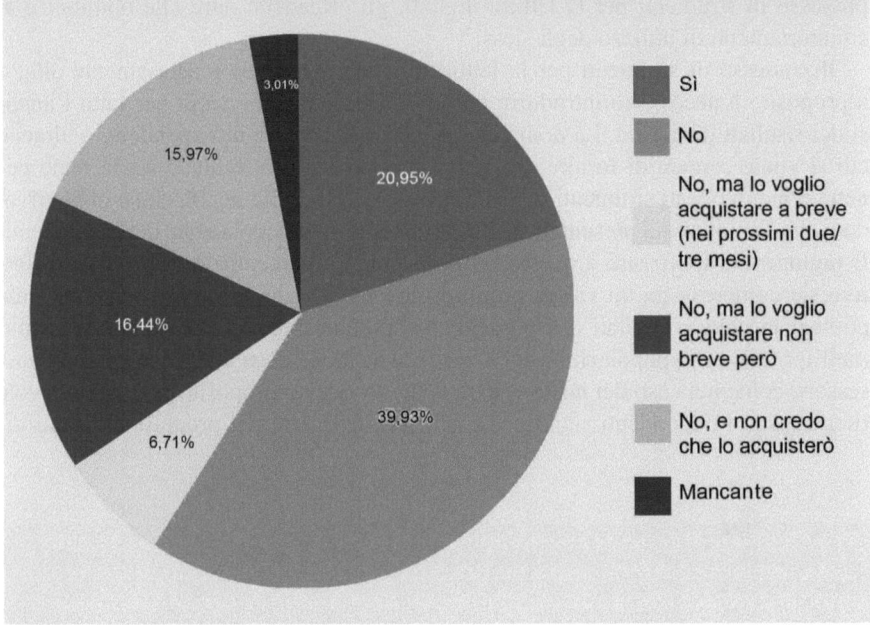

Figura 3.6 Possesso e utilizzo eReaders senza Politecnico Torino

gitali rispetto a coloro che non hanno risposto, e che quindi il reale possesso dei prodotti editoriali digitali sia sensibilmente meno frequente di quanto evidenziato in figura.

I dati rappresentati in questa figura ci forniscono il primo elemento di comparazione interessante fra i rispondenti del Politecnico e quelli degli altri atenei; infatti la differenza non è così marcata come poteva essere lecito aspettarsi. Il 20,95% dei rispondenti, escluso il Politecnico, dichiara di possedere e/o usare uno strumento di lettura digitale; se andiamo invece a includere i rispondenti del Politecnico, la percentuale aumenta ma relativamente, per salire al 22,55%. Allo stesso modo chi dice di non usarlo o possederlo, ma è intenzionato all'acquisto a breve o non a breve, è il 23,15% contro il 26,08%. La differenza è quindi decisamente modesta e non pare essere particolarmente significativa. In termini complessivi è molto interessante vedere come il 48,63% del nostro campione possiede, usa o prevede di possedere e utilizzare un eReader. Solo il 17,18% non lo possiede e dichiara esplicitamente di non essere interessato a comprarlo.

La nostra popolazione di riferimento sembra quindi trovarsi di fronte a un bivio: circa la metà utilizza o prevede di utilizzare un supporto per la lettura digitale, mentre un'altra metà no: sicuramente un dato indicativo del momento di forte evoluzione e rapidi cambiamenti, anche alla luce del 23,15% che ne prevede l'acquisto.

Molto interessante a questo proposito evidenziare un'analisi di correlazione fra il ruolo ricoperto in Università e il possesso/utilizzo di eReaders. La relazione è statisticamente significativa, avendo un *chi square* [90] di 128,736 per 32 gradi di libertà, quando il minimo atteso è di 3,01.

Dai dati emerge chiaramente come i maggiori possessori di eReaders siano i professori associati, che posseggono un eReader nel 38,3% contro il 22,55% del campione complessivo, mentre gli ordinari che lo posseggono sono solo il 21,7%, in linea con il campione, ma sono invece coloro che, più degli altri, pensano di acquistarlo a breve, nel 26,1% dei casi, contro solo circa il 6% del totale del campione. Pare quindi che questi dati possano essere riconducibili, da una parte, a un potere di acquisto alto, che consente di acquistare oggetti tecnologici in alcuni casi ancora relativamente cari, e dall'altra all'età dei rispondenti. Una volta superato lo scoglio del potere di acquisto che invece differenzia ordinari e associati dagli altri ruoli, e che permette l'acquisto, senza particolari riflessioni, di dispositivi ancora relativamente cari, la forte differenza nelle percentuali di possesso fra associati e ordinari può essere spiegata con la differenza di età. Infatti in media vi sono circa 6 anni di differenza fra professori associati e professori ordinari[3]. Gli associati, più giovani, sono degli *early adopters*, mentre gli ordinari sembra siano intenzionati a seguirli, in base alle dichiarazioni rilasciate in sede di risposta al questionario. Seguendo la stessa logica dell'età come causa dell'adozione precoce di questa tecnologia vediamo come altre due categorie che dichiarano un possesso sopra la media siano i dottorandi, 32,3% e i ricercatori non confermati, 29,5%. In questo caso possiamo ipotizzare che la motivazione all'acquisto sia stata talmente forte da far superare le considerazioni legate al prezzo, che invece, con ogni probabilità, unitamente ad una minore motivazione, sono le cause per cui gli appartenenti agli altri ruoli oggetto della nostra indagine rivelano dichiarazioni di acquisto sotto la media.

Interessante infine notare come il gruppo sociale che di gran lunga supera gli altri riguardo alla dichiarazione di voler acquistare un eReader, anche se non a breve, siano i bibliotecari. Il 44,4%, contro il 19,7% del campione lo dichiara. È noto che la professione del bibliotecario stia fortemente mutando, in primis quella del bibliotecario universitario, che in realtà è già fortemente evoluta proprio per i cambiamenti e la digitalizzazione del settore editoriale. Pare che i nostri rispondenti bibliotecari, pur non possedendo ancora un eReader, siano consapevoli che, prima o poi ne acquisteranno uno, forse proprio perché più coscienti del mutamento in atto rispetto agli studenti, essendone partecipi quotidianamente nell'esperienza lavorativa.

Anche il dato presentato in questa figura spicca per l'alta percentuale di possessori di un lettore digitale a inchiostro elettronico, fra la popolazione che ha dichiarato di possederne uno. In questo caso il dato, escluso il Politecnico, è ancora più interessante: il 28,81% dei rispondenti dice di possedere un lettore eInk, mentre le percentuali dei Tablet, 16,38% e 5,65%, non variano significativamente, si riduce quella degli utilizzatori di Smartphone, che scende al 49,15%. Pare chiaro da questi

---

[3] L'età dei Professori Associati (PA) è mediamente di 53,2 e quella dei Professori Ordinari (PO) di 59,2, seguendo i dati dell'Undicesimo Rapporto sullo Stato del Sistema Universitario, CNVSU, ottobre 2006.

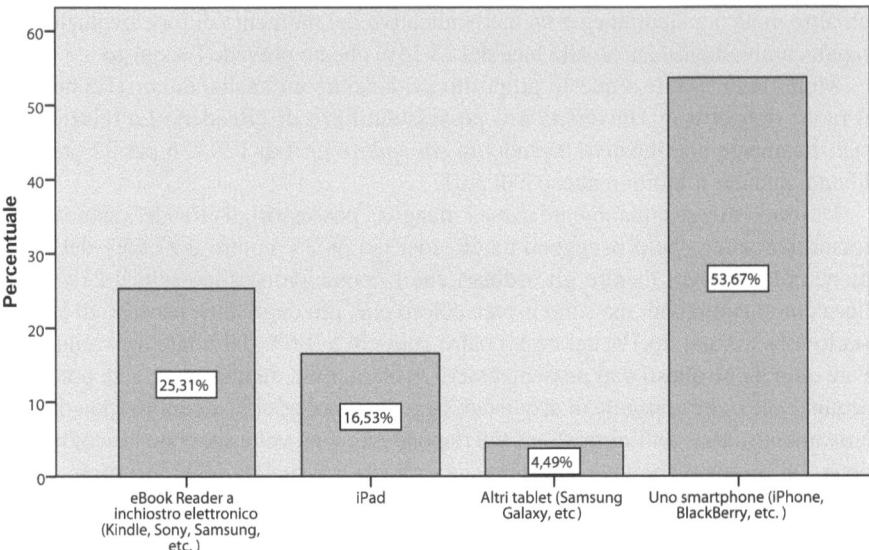

Figura 3.7 Tipo di eReader. Ossiedi/usi abitualmente (almeno una volta a settimana) un eReader, ossia un lettore a inchiostro elettronico, un iPad (e simili), o in generale uno strumento elettronico che dedichi alla lettura, come palmari o Smartphone, escluso il computer? Quale utilizzi con maggior frequenza?

dati che possa esservi una correlazione fra età dei rispondenti e possesso dell'eReader eInk, che secondo le ricerche angloamericane sull'argomento è un oggetto che trova la sua nicchia di utilizzo fra i lettori forti, tipicamente più frequenti nelle fasce di età più avanzate. Allo stesso modo lo spostamento del campione più giovane verso l'utilizzo dello Smartphone è spiegabile proprio in base all'età dei rispondenti.

Una delle cause della percentuale quasi immutata di utilizzo dei Tablet può invece essere riscontrata nel prezzo ancora alto di questi oggetti, che frena l'acquisto della popolazione più giovane, con meno potere di spesa, che pure potrebbe essere più interessata alle caratteristiche di interattività, multimedialità ed entertainment offerte dai Tablet, rispetto agli eReader eInk.

Tabella 3.4 Tipo di ereader

Dove li utilizzi?	Percentuali
A casa	44,2
In studio/ufficio	11,2
Durante gli spostamenti (treno, metropolitana, autobus, ecc.)	44,6
Totale	100,0

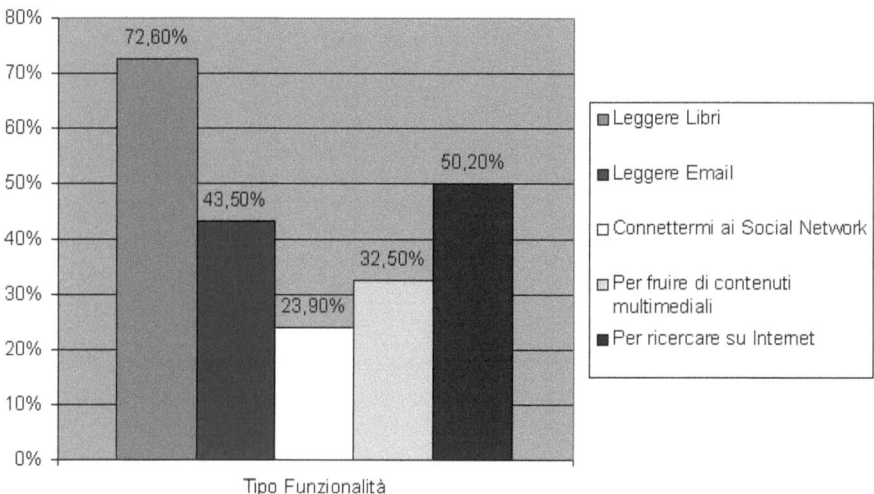

Figura 3.8 Motivazione all'utilizzo

Anche il luogo di utilizzo è coerente con le tipologie di eReaders possedute e utilizzate: il 44,6% dei possessori o utilizzatori di eReaders afferma di utilizzarlo durante gli spostamenti, dato fortemente collegato al 53,67% dei possessori o utilizzatori di eReaders che dichiarano che lo strumento utilizzato è uno Smartphone. Una percentuale simile dichiara di utilizzarlo a casa, lasciando effettivamente dedurre che gli utilizzi principali sono quelli ludici o di intrattenimento, comprendendo nell'intrattenimento anche la lettura semplice, di saggistica piuttosto che di narrativa, per svago ma anche per interesse professionale, eventualmente legato ai propri studi.

La bassa percentuale di utilizzo in studio e ufficio denota come, in quella sede, sia ancora il desktop il luogo preferito dove fruire di contenuti digitali.

Le motivazioni all'utilizzo presentate in Fig. 3.8 evidenziano come la lettura sia di gran lunga l'attività principale per la quale si utilizza lo strumento di lettura digitale, seguita dalla ricerca su Internet, dalla lettura della posta elettronica e solo residualmente per la fruizione di contenuti multimediali e l'utilizzo di Facebook, Twitter e degli altri social network.

La Fig. 3.9 mostra invece quali siano le funzionalità più stimate dal nostro campione, e quindi sia dai possessori/utilizzatori che dai non possessori/utilizzatori. Sorprende abbastanza il dato sulla funzionalità di alcuni eReaders, esattamente quelli con schermo a inchiostro elettronico, di non affaticare la vista che viene ritenuta come poco utile, in controtendenza con l'utilizzo principale dichiarato che era stato quella della lettura. Ma se non viene ritenuta tanto importante questa funzionalità sono invece ritenute importanti due altre funzionalità anche queste rapportabili direttamente all'attività di lettura: la possibilità di portare con sé, in poco peso e spazio, una gran quantità di contenuti, sia testuali sia multimediali e interattivi, oltre alla possibilità, grazie al collegamento wireless e/o tramite rete cellulare. Le caratteristi-

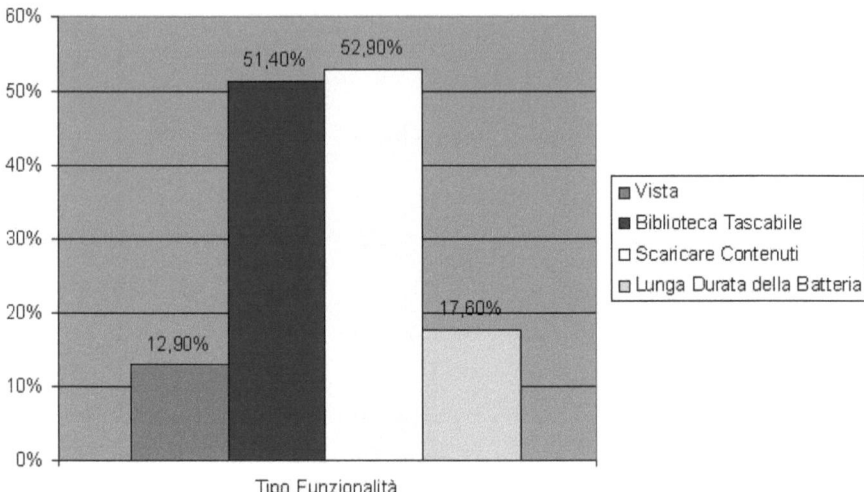

Figura 3.9 Utilità di alcune funzionalità

che ritenute più utili sono tipicamente quelle funzionalità che vengono sfruttate al meglio in mobilità e sono quindi coerenti con il dato sui luoghi di utilizzo.

Ma questo dato deve anche essere visto in relazione al tipo di contenuti e di utilizzo che caratterizzano gli eReaders. Si viene infatti a creare un quadro abbastanza coerente di quale è l'utilizzo prototipico attuale degli eReaders, proveniente da dichiarazioni sia di utilizzatori sia di non utilizzatori. L'impiego più diffuso ed anche più appetibile da coloro che attualmente non sono utilizzatori sembra quello in mobilità, con la possibilità di leggere, ma anche di scaricare contenuti e di consultare internet e la posta elettronica, avendo la possibilità di portare con sé una grande quantità di contenuti. In seconda istanza si vede un utilizzo a casa, probabilmente legato più allo svago e alla lettura di intrattenimento, quello che, quando è stato lanciato l'iPad, è stato chiamato sofa computing. Con la diffusione dei Tablet sembra infatti esserci un fenomeno che, in uno studio statunitense [149] viene così descritto:

> Quando ad un lettore viene data una scelta su come fruire il contenuto di loro interesse, si verifica un importante cambiamento del comportamento. Infatti non consumano la maggior parte del loro contenuto durante il giorno, sul proprio computer, ma lo fanno la sera su un device a loro più comodo. Inizialmente, sembra che gli utenti preferiscano dispositivi per la lettura mobili, in particolare l'iPad. È l'iPad che guida la rivoluzione della lettura digitale a casa. Con esperienze di fruizione mobile che migliorano mano a mano anche il fenomeno continuerà a crescere. I lettori vogliono consumare il contenuto in un luogo confortevole, quando gli è più comodo. il lettori mobili lo stanno rendendo possibile.

Il fenomeno è ben sintetizzato dalla Fig. 3.10.

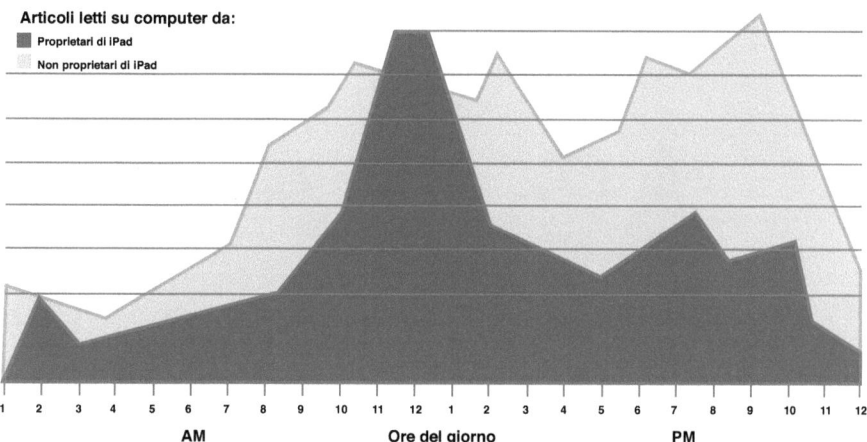

Figura 3.10 Lettura al pc suddivisa fra possessori di iPad e non (modificata da: dati forniti da ReadItLater)

Non sono qui oggetto di trattazione gli effetti che questo spostamento può avere anche su altri tipi di media (quali in primis la televisione, a rischio di divenire sempre meno importante nella dita mediale degli studenti [45]), ma piuttosto la differenza di utilizzo fra Tablet (iPad) e lettura al computer (*desktop reading*). Vediamo infatti chiaramente come il Tablet venga utilizzato come sostitutivo del computer, ma solo durante le ore serali, quando tipicamente ci si trova a casa.

È interessante inoltre evidenziare che questi sono dati provenienti da utilizzo effettivo, non sono solo semplici dichiarazioni di utilizzo. In ogni modo questi dati vanno a confermare pienamente quanto è risultato dalla nostra indagine: se infatti andiamo a vedere i dati in Fig. 3.11, vediamo come, per i possessori di iPhone, che possiamo anche qui considerare come rappresentante degli Smartphone, l'utilizzo per la lettura in mobilità sia molto frequente. Le ore in cui vengono letti più articoli tramite il servizio ReadItLater, che ha proposto l'analisi, sono quelle degli spostamenti mattutini per recarsi in ufficio o università e nuovamente quelle serali, mentre l'utilizzo scende sensibilmente durante l'orario in cui normalmente si è sul luogo di lavoro/studio.

3.3.3
Le opinioni e l'utilizzo dei contenuti

Passiamo ora ad analizzare le risposte alle questioni circa le opinioni e l'utilizzo dei contenuti digitali con un particolare focus sui contenuti digitali per la didattica e lo studio. Le domande della *survey* hanno voluto da una parte esplorare quale fosse il livello di familiarità con gli eBook in termini generali e con alcuni temi che investono tutto il settore, come il drm e l'esperienza d'acquisto, per poi appro-

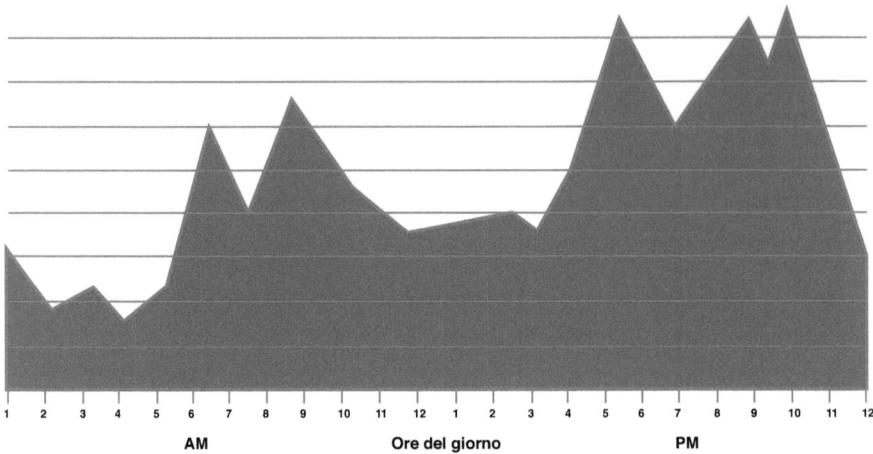

Figura 3.11 Lettura tramite iPhone (modificata da: dati forniti da ReadItLater)

fondire invece opinioni e utilizzo di alcuni aspetti specifici degli eBook al mondo dell'università.

In Fig. 3.12 si evidenzia chiaramente che la funzionalità ritenuta più importante dal nostro campione è la possibilità di ricercare congiuntamente degli insiemi, che a volta comprendono anche migliaia di articoli e monografie, oltre che centinaia di migliaia di abstract e riferimenti bibliografici, di contenuti digitali. La possibilità di fare copia/incolla e di prendere note digitali sul testo, pur anch'esse ritenute importanti (79,80% del campione ritiene utile o assolutamente utile il copia/incolla e il

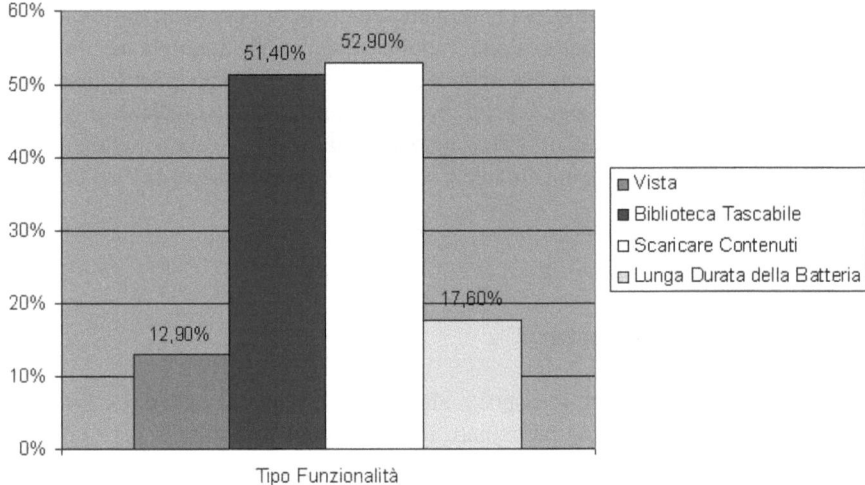

Figura 3.12 Quali sono le funzionalità assolutamente utili dei testi digitali

73,20% la possibilità di prendere note digitali), rimangono comunque meno stimate della possibilità di effettuare ricerche congiunte (87,20%).

Notiamo a proposito come le percezioni di importanza siano sensibilmente aumentate nel corso degli anni. In una mia precedente ricerca [44], svolta nel 2006, che aveva domande in parte assimilabili, pur evidenziando che la popolazione studiata era limitata al corpo docente delle università italiane, il copia/incolla era ritenuto importante o molto importante dal 65,86%, mentre la possibilità di fare ricerche congiunte lo era per il 77,91%. C'è quindi uno spostamento verso la maggiore percezione di utilità nei cinque anni intercorsi fra una ricerca e l'altra superiore in entrambi i casi al 10%. Questo spostamento era infatti già ipotizzato nella prima ricerca dove si era trovato un rapporto diretto fra utilizzo della funzionalità e percezione di importanza: essendo sicuramente aumentato l'utilizzo dei contenuti digitali e delle loro potenzialità, è aumentato di conseguenza anche la percezione della loro utilità.

Questo dato viene ulteriormente confermato dall'analisi incrociata della risposta sull'appartenenza con quella dell'utilità del copia/incolla: gli elementi nuovi del nostro campione, gli studenti, ritengono utile o molto utile il copia/incolla nel 78,3% dei casi, mentre i professori ordinari nel 97,8%. Lo crescita di percezione circa l'importanza della funzionalità, quindi, non è da ricondursi all'ampliamento e alla diversificazione del nostro campione, quanto piuttosto alla maggiore frequentazione che i professori ordinari hanno con i contenuti digitali e quindi con la funzionalità.

Se ci è permessa una piccola divagazione possiamo affermare che il timore diffuso sul fenomeno delle tesi copiate, che è pur effettivamente una questione su cui riflettere, viene da una conoscenza diretta del problema.

Abbiamo poi cercato di capire come si comportasse il nostro campione nella circostanza abbastanza prototipica della ricerca di materiale di ricerca attraverso motori di ricerca specializzati nella letteratura scientifica, disponibili gratuitamente sul web o sottoscritti dai sistemi bibliotecari di ateneo.

I dati presentati in Fig. 3.13 evidenziano come quasi il 40% del campione non stampi più il contenuto digitale, ma lo utilizzi mantenendolo digitale, anche se scaricandolo per una lettura possibile anche offline, sia su eReader sia su pc. Quasi un 10% invece legge direttamente online, senza neanche scaricare il contenuto, magari solo inserendolo nella propria biblioteca online personale, funzionalità offerta ormai dalle principali piattaforme di editori e aggregatori di contenuti scientifici. Solo il 5,13% del campione stampa subito per poi leggere in cartaceo e un 19,10% legge in parte online per decidere se stampare o meno.

Il confronto con i dati dei rispondenti, escluso il Politecnico di Torino, mette in risalto come i comportamenti siano abbastanza omogenei in tutto il campione. La lettura digitale offline passa dal 39,67% al 39,60%, la percentuale di chi stampa subito passa dal 5,13% al 5,27%, mentre l'unica percentuale che varia per un grado minimamente apprezzabile è quella della lettura esclusivamente online, che passa dal 9,53% al 5,70%. Anche l'incrocio fra il ruolo e questa domanda ci conferma che gli studenti sono più propensi a una lettura solo online: l'11% dei rispondenti dichiara di preferire questa modalità, mentre non ci sono stati rispondenti fra i professori ordinari che hanno dichiarato di preferire la lettura esclusivamente online.

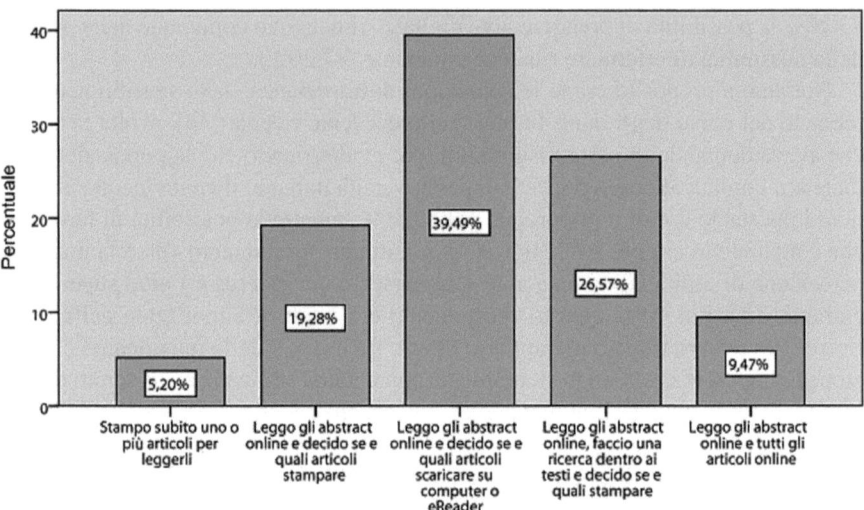

Figura 3.13 Comportamenti di lettura cartacea/digitale. Hai fatto una ricerca su un argomento di tuo interesse (tramite Google, tramite un database bibliografico, etc.) e ritrovato una serie di articoli. Come ti comporti?

Appare evidente che la possibilità di lettura solo online sia al momento accettata, anche se in misura ancora scarsamente rilevante, solo dalla fetta più giovane del nostro campione, che inizia a fare esperienza di contenuti digitali con una disponibilità di banda e connessione alla rete sicuramente superiore rispetto alla generazione precedente che ha vissuto l'avvento di Internet in Italia. D'altronde, come evidenziano sia i dati ISTAT, ma come rivelano anche altre ricerche compiute dal gruppo di ricerca NumediaBios [45, 69, 136], ciò che differenzia l'Italia dagli altri paesi è la bassissima penetrazione di Internet nelle fasce d'età sopra i 45 anni, ma non per le fasce d'età più giovani, che hanno tassi di utilizzo simili a quelli degli altri paesi sviluppati. Sicuramente bisogna ricordare come la popolazione dei docenti universitari abbia tassi di utilizzo molto superiori al resto della popolazione, e la differenza è più netta rispetto allo stesso paragone in riferimento agli studenti, ma bisogna altresì ricordare come vi sia effettivamente una differenza fra l'essere nativi o immigrati digitali [74].

Che il fenomeno eBook in Italia sia ancora a uno stato primitivo è già stato evidenziato nel primo capitolo, e infatti ben l'82,9% del nostro campione non ha mai acquistato un libro elettronico, pur avendone fatta esperienza attraverso gli acquisti e gli abbonamenti della biblioteca. È anche da evidenziare come il sottogruppo dei professori associati si differenzi abbastanza nettamente: solo il 66,7% dichiara di non aver mai acquistato, mentre un piccolo ma significativo 5% dichiara di aver effettuato più di 6 acquisti negli ultimi 6 mesi.

A questo proposito è necessario anche ricordare che la ricerca è stata compiuta nel febbraio/marzo 2011 quando la disponibilità di eBook italiani di varia era inferiore alle 10.000 unità, dato che si andrà a raddoppiare entro fine 2011: la crescita è quindi

Tabella 3.5 Acquisto di eBook

Quante volte, negli ultimi 12 mesi, hai acquistato un eBook?	%
Mai	82,1
1–2 volte	10,8
3- 4 volte	3,1
5- 6 volte	1,2
Più di 6 volte	2,7
Totale	100,0

vorticosa come può essere vorticoso un piccolo torrente di montagna. Una volta arrivato a valle e diventato fiume la crescita sarà ovviamente più fluida.

Vi è quindi una larga maggioranza che non è acquirente di eBook e questa è una situazione praticamente non mutata negli ultimi cinque anni: anche i dati della mia precedente ricerca si attestavano su posizioni simili. Anche se l'offerta di titoli italiani di varia allora era pressoché nulla, l'offerta di titoli e contenuti digitali scientifici in lingua inglese era già molto significativa e quindi la popolazione dei docenti italiani aveva già sperimentato alcuni acquisti. Tuttavia fino ad oggi il fenomeno, anche nell'ambito ristretto e potenzialmente più fertile dell'università, dell'acquisto individuale è minoritario, anche se inizia a delinearsi la presenza di *early adopters*, che anche proprio in virtù di essere tali si dichiarano per la maggioranza (79,84%) soddisfatti o molto soddisfatti della loro esperienza di acquisto, mentre non lo sono solamente il 5,17%. Il 14,99% si dichiara né soddisfatto né insoddisfatto della sua esperienza di acquisto e del contenuto acquistato.

È stata poi anche indagata la conoscenza del drm, *digital rights management*[4], attraverso una domanda in cui semplicemente si chiedeva se si fosse a conoscenza di che cosa fosse. Una domanda così diretta è sempre a rischio: è infatti sempre difficile ammettere la propria ignoranza. Il 45,10% dei nostri rispondenti dichiarano di non saperlo, il 21,33% dichiara che forse lo sa, ma non ne è sicuro, mentre il 33,58% dichiara di saperlo. Possiamo ragionevolmente affermare che la maggioranza del nostro campione e quindi anche la maggioranza della nostra popolazione, in base alle considerazioni svolte più sopra, non sia a conoscenza di sia cosa sia il drm.

Ma stando a quanto viene evidenziato in Tabella 3.6 possiamo ragionevolmente aspettarci che la conoscenza del drm aumenti con l'aumento delle persone che acquisteranno eBook. È, come è naturale che sia, e come era lecito attendersi, una problematica per addetti ai lavori e per coloro che partecipano attivamente al settore, includendo in quest'ultima categoria anche gli acquirenti. Una volta infatti che si acquista un eBook è molto più facile rendersi conto e dover anche superficialmente

---

[4] I dati della ricerca ci suggeriscono di inserire questa nota! Sotto l'etichetta drm si racchiudono in realtà una serie di problematiche molto complesse che si legano anche ai modelli di business dell'editoria digitale. In termini un po' semplicistici e restrittivi possiamo dire che i sistemi di drm sono dei modi che l'editore inserisce nei prodotti digitali che commercializza per controllarne l'utilizzo che potrà farne l'utente finale e tutelare quindi il diritto d'autore e il suo sfruttamento economico.

Tabella 3.6 Acquisto di eBook e conoscenza drm

Quante volte, negli ultimi dodici mesi, hai acquistato un eBook? * Sai cos'è il DRM (Digital Rights Management)? Crosstabulation

		Sai cos'è il DRM (Digital Rights Management)?			
		Sì	No	Forse, ma non sono sicuro	Totale
Mai	Conteggio	492	825	375	1692
	% entro	29,1%	48,8%	22,2%	100,0%
	% del Totale	23,9%	40,0%	18,2%	82,1%
1–2 volte	Conteggio	105	71	48	224
	% entro	46,9%	31,7%	21,4%	100,0%
	% del Totale	5,1%	3,4%	2,3%	10,9%
3–4 volte	Conteggio	33	24	7	64
	% entro	51,6%	37,5%	10,9%	100,0%
	% del Totale	1,6%	1,2%	0,3%	3,1%
5–6 volte	Conteggio	19	5	1	25
	% entro	76,0%	20,0%	4,0%	100,0%
	% del Totale	0,9%	0,2%	0%	1,2%
Più di 6 volte	Conteggio	42	8	6	56
	% entro	75,0%	14,3%	10,7%	100,0%
	% del Totale	2,0%	0,4%	0,3%	2,7%
Totale	Conteggio	691	933	437	2061
	% entro Quante volte, negli ultimi 12 mesi, hai acquistato un eBook?	33,5%	45,3%	21,2%	100,0%
	% del Totale	33,5%	45,3%	21,2%	100,0%

capire di che cosa si tratta. Il 75% dei nostri rispondenti che ha acquistato eBook più di 6 volte negli ultimi dodici mesi infatti dichiara di saperlo, contro il 29,1% di coloro che non hanno mai acquistato. In particolare è interessante notare che la percentuale di coloro che dichiarano di saperlo balza al 46,9% a seguito anche di un solo acquisto negli ultimi 12 mesi, mentre scende quella di coloro che dichiarano di non saperlo dal 48,8% al 31,7%, rimanendo pressoché invariata la percentuale di non sono sicuri di saperlo o meno.

Il dato però più significativo è la forte correlazione, con un chi square di Pearson a 515,617 per 19 gradi di libertà, quando il minimo è 1,67, fra possessori di eReaders e acquirenti di eBook, come ben evidenziato in Tabella 3.7. Vediamo infatti come solo

3.3 I risultati

Tabella 3.7 Acquisto e possesso di eBook
Quante volte, negli ultimi 12 mesi, hai acquistato un eBook? * possiedi un eReader – Crosstabulation

Quante volte, negli ultimi 12 mesi, hai acquistato un eBook?		Sì	No	No, ma lo voglio acquistare a breve (nei prossimi due/tre mesi)	No, ma lo voglio acquistare, non a breve, però	No, e non credo che lo acquisterò	Totale
Mai	Conteggio	230	632	107	378	345	1692
	% entro	48,7%	93,6%	77,5%	90,0%	96,9%	82,1%
	% del Totale	11,2%	30,7%	5,2%	18,3%	16,7%	82,1%
1–2 volte	Conteggio	137	39	13	29	6	224
	% entro	29,0%	5,8%	9,4%	6,9%	1,7%	10,9%
	% del Totale	6,6%	1,9%	0,6%	1,4%	0,3%	10,9%
3–4 volte	Conteggio	43	2	9	5	5	64
	% entro	9,1%	0,3%	6,5%	1,2%	1,4%	3,1%
	% del Totale	2,1%	0,1%	0,4%	0,2%	0,2%	3,1%
5–6 volte	Conteggio	19	1	1	4	0	25
	% entro	4,0%	0,1%	0,7%	1,0%	0%	1,2%
	% del Totale	0,9%	0%	0%	0,2%	0%	1,2%
Più di 6 volte	Conteggio	43	1	8	4	0	56
	% entro	9,1%	0,1%	5,8%	1,0%	0%	2,7%
	% del Totale	2,1%	0%	0,4%	0,2%	0%	2,7%
Totale	Conteggio	472	675	138	420	356	2061
	% entro	100,0%	100,0%	100,0%	100,0%	100,0%	100,0%
	% del Totale	22,9%	32,8%	6,7%	20,4%	17,3%	100,0%

il 48,7% dei possessori di un eReader non abbiano mai acquistato un eBook, contro il 93,6% che non lo possiede. C'è poi il 77,5% di coloro che dice di volerlo acquistare a breve non lo ha mai acquistato con l'82,1% del totale del campione, come se il fatto di aver già acquistato un eBook spinga poi ad acquistare anche un eReader, andando così a evidenziare un fenomeno attivo nelle due direzioni. L'acquisto di contenuti facilita l'acquisto di hardware e l'acquisto di hardware facilita l'acquisto di contenuti.

Dovrebbe quindi verificarsi un effetto traino in entrambe le direzioni, stante l'aumento del numero di titoli disponibili in eBook e in generale di contenuti digitali da una parte e dall'altra la diffusione degli eReaders con l'inevitabile miglioramento delle caratteristiche degli stessi, unitamente ad un abbassamento dei prezzi per il consumatore finale.

È poi rilevante anche il fatto che il 9,1% di coloro che possiedono un eReader abbiano acquistato più di 6 volte negli ultimi dodici mesi, così come il 5,8% di coloro che dichiarano di volerlo acquistare a breve. Sembra quindi che il possesso dell'oggetto spinga poi all'acquisto: il famoso acquisto di impulso su cui si basa buona parte della strategia di Amazon e del Kindle, con la possibilità di acquistare e avere disponibile per la lettura l'eBook scelto in pochissimi minuti, sembra essere effettivamente un fenomeno reale. Da notare inoltre a proposito di questo dato che queste due tipologie di utenti, i possessori e i futuri possessori, vanno a essere la quasi totalità di coloro che hanno acquistato più di 6 volte negli ultimi 12 mesi.

3.4
I contenuti per la didattica universitaria

Nell'ultima parte del nostro questionario abbiamo, da una parte, approfondito le opinioni e l'utilizzo che gli studenti fanno dei contenuti digitali per la didattica, che possiamo chiamare manuali digitali, e dall'altra indagato alcune opinioni circa lo stesso tema da parte dei docenti.

La prima domanda di questa sezione del questionario chiedeva in maniera abbastanza articolata se si fosse mai fatto uso di un tipo specifico di contenuto digitale, definendolo come materiale online per la lezione, l'approfondimento e l'autoverifica, quindi tutto ciò che arricchisce l'esperienza di studio del manuale, sia esso digitale o cartaceo. Le risposte sono state abbastanza nette anche in questo caso: l'82,72% degli intervistati dice di averlo fatto, mentre il 17,27% dichiara di non averlo mai fatto o perché non ci sono per le materie di loro interesse (11,22%) o perché non li ritengono utili (6,05%). Vi è solo questa piccola ultima minoranza che sembra essere restia a utilizzare questo tipo di materiali, mentre una ampia maggioranza li ha utilizzati o comunque li utilizzerebbe se fossero disponibili per le materie di interesse. Il 53,28% degli utilizzatori ha trovato questi materiali sul sito dell'università, tipicamente in piattaforme di eLearning messe a disposizione dagli atenei, piuttosto che nelle pagine personali dei docenti. Il 5,97% dice di averli trovati sul sito della casa editrice, percentuale così bassa data dalla scarsa diffusione, in ambito universitario, di materiale integrativo messo a disposizione direttamente dalla case editrici; il 40,76% dei rispondenti, infine, dichiara di averli trovati su altri siti. Questa alta percentuale, che non è stata indagata ulteriormente, si rivela abbastanza sorprendente nella sua consistenza ed è data con ogni probabilità da siti di terze parti[5], gratuiti o a pagamento, che offrono appunti, dispense, prove di esami e che favoriscono lo scambio di materiale fra studenti.

Questo dato deve ovviamente far riflettere: a fronte di una larga maggioranza di studenti che dichiara di utilizzare materiale digitale per la didattica universitaria notiamo un'offerta, in particolare da parte delle case editrice, ma anche delle università, che non riesce a soddisfare la richiesta e che quindi rimane appannaggio di terze parti, il cui scopo è, in taluni casi, il profitto, mentre in altri può anche essere solo la condivisione della conoscenza. In entrambi i casi non è possibile che queste terze parti possano offrire prodotti e contenuti scientificamente validati. Anche nei casi in cui la qualità sia in qualche modo controllata, come quello di Wikipedia, non è certo proponibile un modello didattico che si basi in modo consistente sul suo utilizzo.

Alla domanda invece diretta circa la percezione della possibilità o meno di studiare un manuale digitale notiamo una certa polarizzazione, che propende nettamente per la risposta affermativa: il 64,11% ritiene che sia possibile studiare un manuale digitale, contro il 35,89% che non lo ritiene possibile. Solo l'1,46% ritiene che i manuali digitali possano essere disponibili solo online, mentre la maggioranza propende per averli sia online sia scaricabili offline, anche se un 20,51% li vorrebbe solamente scaricabili, senza alcun interesse per la versione solo online.

Il dato sulla possibilità di studiare o meno un manuale online è rafforzato, in prospettiva evolutiva, dall'incrocio di questa risposta con il possesso di un eReader.

Chi possiede un eReader è nettamente più propenso a ritenere possibile lo studio di un manuale digitale rispetto a chi non lo possiede. Solo il 24,6% di chi possiede un eReader e l'8,7% di chi lo vuole acquistare a breve pensa non sia possibile, contro il 42,8% di chi non lo possiede e il 57,9% di chi non lo possiede e non crede di acquistarlo. Stando ai dati previsionali di sviluppo del mercato degli eReader presentati nel capitolo 2, sembra abbastanza naturale aspettarsi che crescerà anche la percentuale di coloro che ritengono possibile studiare un manuale e, chissà, forse lo farà anche nella pratica!

Il 71,40% dei rispondenti si aspetta di trovare il manuale online presso la piattaforma di eLearning dell'università, contro il 49% che si aspetta di trovarlo in una libreria online, insieme agli altri eBook, e il 45,50% che si aspetta di trovarlo presso il sito web dell'editore. Il dato è quindi coerente con il precedente sui luoghi virtuali di consumo dei materiali online integrativi del manuale e vediamo come rispetto al 5,97% che dichiara di aver trovato materiali online integrativi sul sito web della casa editrice vi sia un 45,50% che dichiara di aspettarsi di trovare i contenuti digitali per la didattica in quello stesso luogo virtuale.

Possiamo quindi affermare che, pur dato un certo tasso di utilizzo di manuali o materiali integrativi per la didattica, ci troviamo anche in questo caso in una fase evolutiva che è sicuramente agli inizi, ma che denota delle caratteristiche interessanti

---

[5] Pensiamo qui a Wikipedia, piuttosto che a studenti.it o a servizi come e-mule o di torrent download.

Tabella 3.8 Accettazione manuale digitale e possesso di eReeader

Possiedi/usi abitualmente (almeno una volta a settimana) un eReader, ossia un lettore a inchiostro elettronico, un iPad (e simili), o in generale uno strumento elettronico che dedichi alla lettura, come palmari o smartphone, escluso il computer? * Pensi sia possibile studiare un manuale digitale? Crosstabulation

			Pensi sia possibile studiare su un manuale digitale?		Totale
			No	Sì	
Possiedi/usi abitualmente (almeno una volta a settimana) un eReader	Sì	Conteggio	116	355	471
		% entro	24,6%	75,4%	100,0%
	No	Conteggio	289	386	675
		% entro	42,8%	57,2%	100,0%
	No, ma lo voglio acquistare a breve (nei prossimi due/tre mesi)	Conteggio	12	126	138
		% entro	8,7%	91,3%	100,0%
	No, ma lo voglio acquistare, non a breve, però	Conteggio	116	304	420
		% entro	27,6%	72,4%	100,0%
	No, e non credo che lo acquisterò	Conteggio	206	150	356
		% entro	57,9%	42,1%	100,0%
Totale		Conteggio	739	1321	2060
		% entro	35,9%	64,1%	100,0%

e che fanno pensare che effettivamente vi sarà una sviluppo nella direzione di una sempre maggiore disponibilità di questo tipo di contenuti e di un loro utilizzo più intenso. Se infatti pensiamo che, di fatto, il testo base per la didattica, il manuale, non è ancora praticamente disponibile in formato digitale, almeno per quanto riguarda la lingua italiana, il 64,11% di rispondenti che dichiarano di pensare che sia possibile studiarlo è un dato molto alto. Gli entusiasti lo possono interpretare come un dato che possa far accelerare il processo di produzione, commercializzazione o comunque diffusione dei manuali digitali, mentre gli scettici potranno obiettare che l'alta percentuale è proprio data dal fatto che non si è ancora fatta esperienza diretta dei manuali in formato digitale, anche se i dati presentati in Tabella 3.8 sembrano andare in direzione opposta: più c'è conoscenza ed esperienza diretta, più c'è accettazione.

Quando andiamo invece a verificare quali sono le percezioni circa l'utilità di alcune funzioni e caratteristiche di un manuale digitale, come raffigurato in Fig. 3.14,

3.4 I contenuti per la didattica universitaria

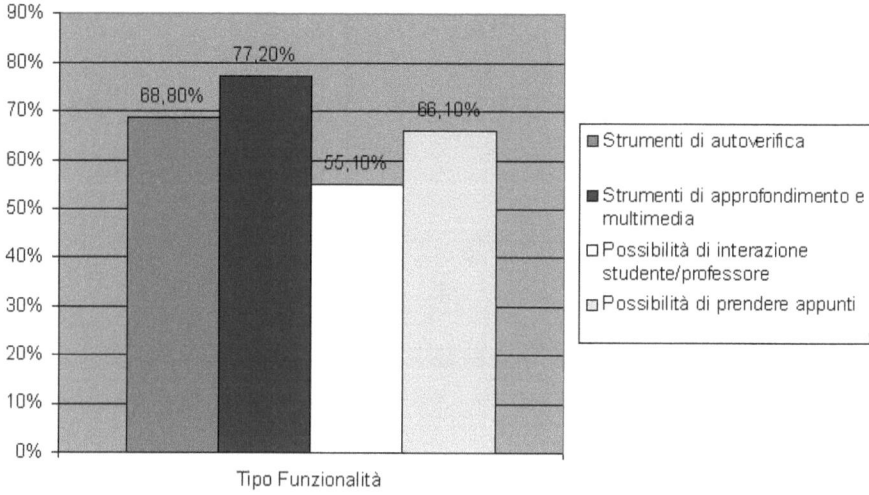

Figura 3.14 Utilità nello studio di manuali digitali

notiamo che la possibilità di inserire materiale multimediale e di approfondimento è quella ritenuta più utile, seguita dalla possibilità di effettuare delle autoverifiche di comprensione e dei test in vista dell'esame, dalla possibilità di prendere note e appunti direttamente sul manuale digitale e dalla possibilità di interagire attraverso una chat, un forum o altri strumenti telematici con il docente.

Se andiamo però a esaminare i dati presentati in Fig. 3.15 circa la percezione di assoluta utilità delle stesse funzioni, vediamo come le preferenze siano accordate in maggioranza alla funzionalità di poter prendere appunti: non è quindi da sottovalutare l'importanza che la nostra popolazione di riferimento attribuisce a questa caratteristica del manuale digitale, ricordando come questa sia una delle funzionalità che vengono offerte con un livello di ergonomia e di usabilità ancora decisamente migliorabile.

È interessante notare come esistano delle correlazioni statisticamente significative fra la percezione circa la possibilità di studiare un manuale digitale e la percezione

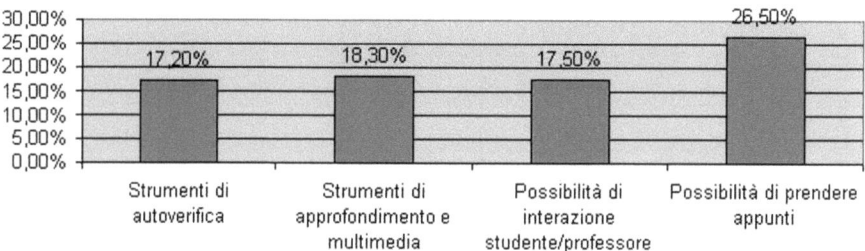

Figura 3.15 Funzionalità assolutamente utili in un manuale digitale

Tabella 3.9 Relazione fra facoltà di appartenenza e predisposizione verso studio manuale digitale

			Informatica	Ingegneria	Lettere	Medicina	Architettura	Scienze Politiche	Economia	Educazione	Totale
Pensi sia possibile studiare un manuale digitale?	No	Numero	25	338	15	23	98	13	27	58	728
		% di. A che area disciplinare afferisci?	17,0%	32,6%	37,5%	41,1%	47,3%	30,2%	33,3%	48,3%	35,8%
		% del Totale	1,2%	16,6%	0,7%	1,1%	4,8%	0,6%	1,3%	2,9%	35,8%
	Si	Numero	122	699	25	33	109	30	54	62	1303
		% di. A che area disciplinare afferisci?	83,0%	67,4%	62,5%	58,9%	52,7%	69,8%	66,7%	51,7%	64,2%
		% del Totale	6,0%	34,4%	1,2%	1,6%	5,4%	1,5%	2,7%	3,1%	64,2%
Totale		Numero	147	1037	40	56	207	43	81	120	2031
		% di. A che area disciplinare afferisci?	100,0%	100,0%	100,0%	100,0%	100,0%	100,0%	100,0%	100,0%	100,0%
		% del Totale	7,2%	51,1%	1,9%	2,8%	10,2%	2,1%	4,0%	5,9%	100,0%

digitale fa percepire come più utili tutte le funzionalità a esso associate. Allo stesso modo vi è una correlazione staticamente significativa e di proporzionalità diretta fra la percezione circa la possibilità di studiare un manuale digitale e l'utilità delle funzionalità generiche di un testo digitale, il copia/incolla, la possibilità di prendere annotazioni e la possibilità di ricercare congiuntamente insiemi di testi.

La tabella che mette in relazione l'appartenenza alla facoltà con la percezione della possibilità di studiare un manuale digitale non mette in risalto grosse differenze interfacoltà; vediamo infatti come, con l'ovvio scostamento verso un'opinione favorevole rappresentato da informatica, tutte le altre facoltà con più di 40 rispondenti abbiano più o meno delle percentuali comparabili, che non variano significativamente neanche confrontando i dati delle facoltà delle discipline scientifiche con quelli delle discipline umane e sociali.

Ai docenti è stato invece chiesto se ritenessero utile la possibilità di offrire dei *coursepack*, ossia un insieme di contenuti digitali di provenienza diversa assemblati ad hoc per uno specifico corso. La risposta è stata una chiara accettazione di questa possibilità, tanto che il 90,61% dei rispondenti la ritiene una funzionalità utile. Il 4,35% li vorrebbe stampabili on demand e acquistabili in librerie, mentre per il 21,57% sarebbe sufficiente che ci fossero in formato digitale acquistabile in una libreria online o presso il sito dell'editore. Come prevedibile, la maggioranza, e precisamente il 74,08%, li vorrebbe disponibili in entrambi i formati, in maniera abbastanza prevedibile.

Pare quindi che analizzando le risposte sia degli studenti sia dei docenti vi sia una buona predisposizione verso la creazione, per quanto riguarda i docenti, e verso la fruizione e l'utilizzo, per quanto riguarda gli studenti, di manuali e materiali integrativi digitali per la didattica.

3.5
Le tipologie rilevate

È quindi abbastanza evidente dai dati presentati in queste pagine come vi sia una certa predisposizione nella popolazione oggetto del nostro studio verso l'utilizzo di eBook ed eReaders. In particolare i dati sul possesso e sull'utilizzo come strumento di lettura di un *device* elettronico sono decisamente superiori alla media nazionale, come era lecito attendersi in virtù di due considerazioni fondamentali: da una parte la selezione spontanea dei rispondenti, tipica di una ricerca online, che tende a sovrastimare la percentuale di utenti entusiasti verso l'oggetto d'indagine e in questo caso anche, più in generale, verso l'utilizzo delle nuove tecnologie; dall'altra il fatto che la popolazione oggetto d'indagine è forse quella che può beneficiare più direttamente dell'evoluzione digitale in editoria.

Notiamo comunque che la popolazione si suddivide nettamente in base alla qualifica professionale, collegata sia all'età sia al reddito: anche questo è abbastanza ovvio. Stante questa particolare composizione del nostro campione, la divisione in sottogruppi individuati tramite la cluster analysis non fa altro che confermare questa ovvietà, ossia che vi sono differenze nelle percezioni e nell'utilizzo degli eReader e dei contenuti digitali fra professori e studenti. Ma il dato che forse vale la pena evidenziare è che le differenze sono molto forti quando si parla di possesso, non tanto quando si parla di percezioni; e infatti l'analisi cluster ottenuta secondo una tecnica *two step* [1] riesce a ben delineare tre tipologie di utenti, con appunto una suddivisione forte fra studenti e docenti, ma evidenzia anche all'interno del gruppo sociale degli studenti due sottogruppi chiaramente differenziati per il possesso degli strumenti di lettura elettronici, di utilizzo dei contenuti digitali ed anche di percezioni.

Ci troviamo di fronte ad una situazione in cui vi sono due cluster che potremmo definire di utenti più avanzati ed entusiasti, uno composto principalmente da docenti e l'altro da studenti, mentre vi è un terzo cluster, composto sempre da studenti, che evidenzia modalità di utilizzo e di percezioni più conservatrici e scettiche. La rilevazione è perfettamente coerente anche con le nostre ricerche sulla dieta mediale degli studenti universitari [45, 73, 142], che andava a evidenziare tre sottogruppi di utenti, denominati neo-analogici, digital mass, e interattivati. In estrema sintesi i neo-analogici si caratterizzano per uno scarso utilizzo della rete e una socialità di tipo più tradizionale, la digital mass per un utilizzo forte della rete e per il possesso di diversi *devices* tecnologici, che allo stesso è un tipo di utilizzo sostanzialmente passivo e legato a Facebook e ai sistemi di messaggistica, mentre gli interattivati evidenziano un forte uso della rete, corroborato anche da segni che abbiamo definito di creatività e interazione più avanzata.

Nel nostro attuale caso possiamo dire che ritroviamo nei due cluster dove è pressoché esclusiva la presenza di studenti da una parte, nel cluster 2, gli interattivati, mentre nel cluster 3 troviamo la digital mass. È plausibile che gli appartenenti al cluster dei neo-analogici non siano presenti in quanto sottorappresentati a causa delle modalità di somministrazione, online e a partecipazione volontaria, mentre le altre somministrazioni hanno una partecipazione con un grado maggior di obbligatorietà [48].

Come è subito chiaro esaminando la Fig. 3.16, gli studenti digital mass si caratterizzano per utilizzare come strumento di lettura digitale lo Smartphone, ossia lo strumento per eccellenza *multipurpose*, quello non dedicato esclusivamente, come nel caso dell'eReader a inchiostro elettronico, o fra le funzioni principali, come nel caso di iPad e Tablet, alla lettura. Indicativo appunto che lo Smartphone sia in realtà uno strumento usato molto frequentemente per un utilizzo della rete di tipo non creativo ma comunicativo.

Gli altri due gruppi, gli studenti interattivati e i professori utilizzano in misura comparabile tutti gli strumenti di lettura digitale disponibili, e in maniera anche abbastanza simile intercluster, se non fosse per la maggiore presenza di iPad nel gruppo dei docenti e la minore di altri Tablet, chiaramente un fattore legato al potere di spesa, non alle attitudini verso lo strumento.

Le abitudini di lettura, online/offline, digitale/cartacea sono perfettamente coerenti con quanti appena riportato, in Fig. 3.17 infatti vediamo come il gruppo degli studenti digital mass sia molto conservativo sia verso la lettura online sia quella digitale, tendendo ancora in misura piuttosto ampia (64,5%) a stampare il materiale digitale per poterlo leggere o studiare. Questo ovviamente perché, pur dando la

3.5 Le tipologie rilevate

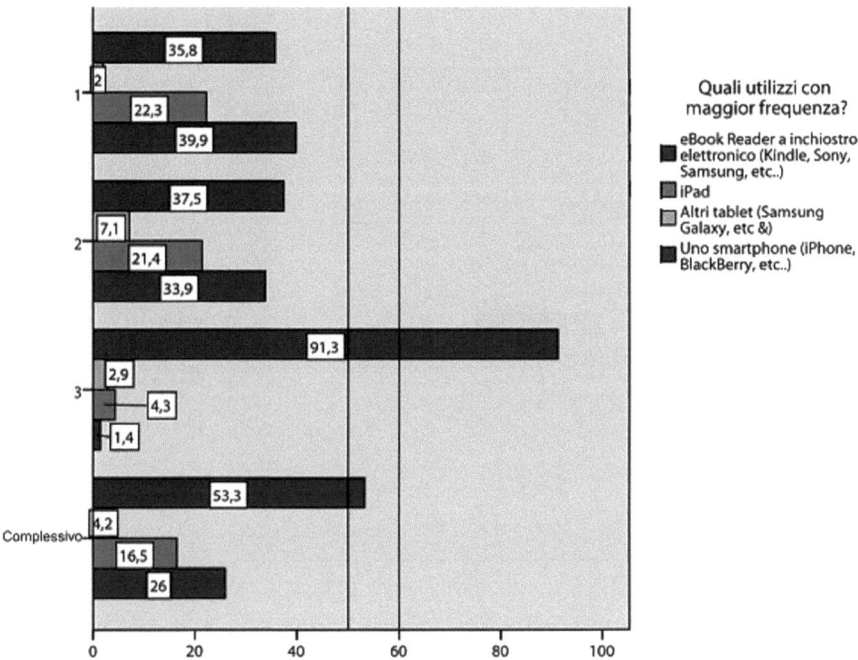

Figura 3.16 Utilizzo di eReader per cluster: 1) docenti e ricercatori; 2) studenti interattivati; 3) studenti digital mass

possibilità della lettura digitale e online lo Smartphone, che questo gruppo dichiara di possedere nel 91,3% dei casi, non lo consente in maniera estremamente agevole, andando così a perdere il confronto con il supporto cartaceo.

È interessante anche notare come il gruppo degli studenti interattivati denoti delle pratiche di lettura e consumo del materiale digitale sufficientemente diverso da quello dei docenti. Se infatti entrambi si differenziano dagli studenti digital mass per stampare sensibilmente di meno (27,1% dei docenti e 18,5% degli interattivati contro il 64,5% della digital mass), i docenti leggono online sensibilmente meno degli studenti interattivati (9,5% contro 16,1%). Questa differenza è, come già evidenziato sopra, dovuta alla diversa socializzazione che i due gruppi hanno avuto con la rete e la connessione internet: i docenti, più anziani, ricordano bene che il collegamento può esserci oppure no, gli studenti, più giovani, vedono ormai la connessione alla rete come un servizio pubblico, alla pari dell'energia elettrica e dell'acqua, e si preoccupano quindi meno che ci sia o no, dando per scontato che dovrebbe sempre esserci.

A conferma della forte differenza fra i due gruppi di studenti vi sono anche le abitudini di acquisto di contenuti digitali, la digital mass infatti è fondamentalmente un non acquirente di contenuti digitali, il 73,2% degli appartenenti a questo gruppo non ha mai acquistato un eBook, mentre per gli altri due gruppi la percentuale è sensibilmente inferiore (37,2% per i docenti e 38,7% per gli interattivati), ed esiste

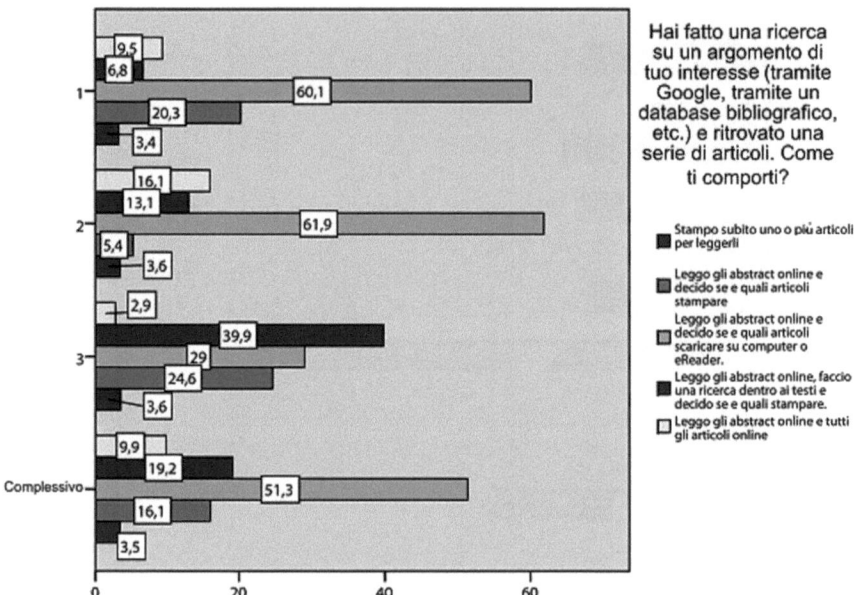

Figura 3.17 Abitudini di lettura per cluster: 1) docenti e ricercatori; 2) studenti interattivati; 3) studenti digital mass

invece una piccola ma consistente fetta, 12,8% dei docenti e 13,7% degli interattivati, che è acquirente frequente di eBook.

La dichiarazione circa la conoscenza di cosa sia il drm evidenzia bene come il gruppo degli interattivati si differenzi dagli altri per essere maggiormente predisposto ad affrontare le tematiche della lettura, dei contenuti e dei supporti digitali, sia per ragioni d'interesse personale che anagrafiche. Il 69,6% dichiara infatti di sapere cosa sia il drm contro il 52,7% dei docenti e il 20,3% della digital mass. Una larga porzione dei soggetti classificati come digital mass dichiara di non sapere cosa sia il drm (45,7%) o di non esserne sicuro (34,1%), mentre i docenti dichiarano sostanzialmente di esserne maggiormente a conoscenza: il 33,8% dichiara di non esserne a conoscenza e il 13,5% non ne è sicuro.

Seguendo sempre un profilo molto coerente la digital mass è anche molto più scettica degli altri gruppi verso la possibilità di studiare un manuale digitale. Il 51,4% pensa che non sia possibile, contro il 98,2% degli interattivati e il 76,4% dei docenti.

Andando infine a caratterizzare i gruppi per alcune variabili demografiche e di appartenenza disciplinare scopriamo che il gruppo dei docenti è formato per i tre quarti da appartenenti alle discipline dure, ma comunque anche gli appartenenti alle discipline umane e sociali sono presenti, in misura molto simile a quella generale del campione. Nel totale del campione infatti i rispondenti si dividono per l'81,4% come appartenenti alle scienze dure e per il 18,6% alle scienze umane e sociali, anche se il dato è influenzato, come abbiamo visto sopra, dall'alto numero di rispondenti del Politecnico di Torino. Se andiamo a spezzare il dato solo per i docenti, includendo solo

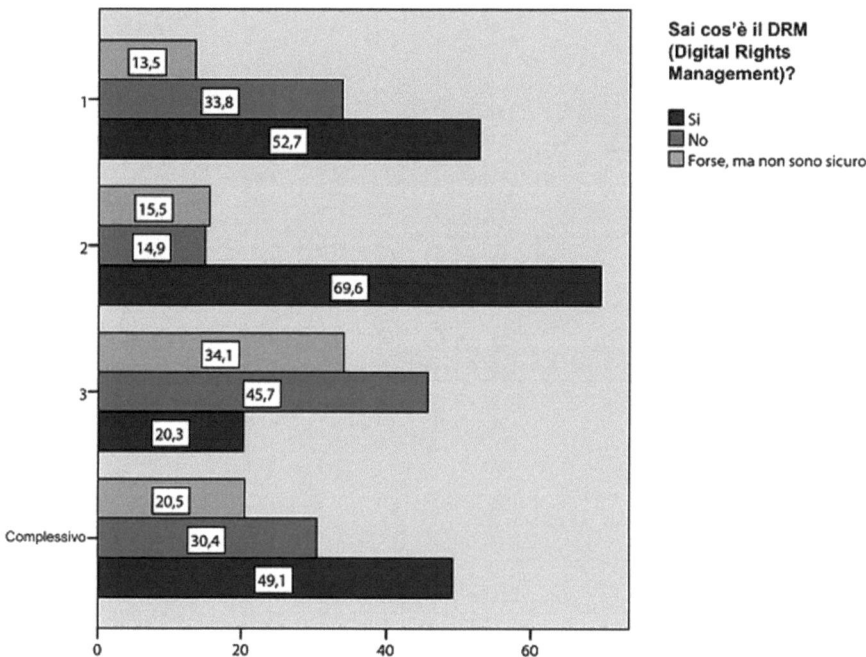

Figura 3.18 Conoscenza drm per cluster: 1) docenti e ricercatori; 2) studenti interattivati; 3) studenti digital mass

i professori ordinari e associati, il rapporto va a essere quasi in pari (49% scienze dure e 51% scienze umane e sociali), mentre quello dei ricercatori e dei dottorandi è più vicino a quello degli studenti (70,7% scienze dure e 29,3% scienze umane e sociali). Comparando quindi in maniera più pertinente il dato di appartenenza al gruppo dei docenti che abbiamo qui individuato con l'appartenenza dei soli docenti alle discipline dure piuttosto che umane e sociali scopriamo che nel gruppo dei docenti i rappresentanti delle scienze dure sono più presenti rispetto al totale del campione.

Allo stesso modo il gruppo degli studenti interattivati è composto per una cospicua maggioranza da studenti appartenenti alle scienze dure (91%), che scende al 79,7% per l'appartenenza al gruppo della digital mass. Andando a pesare questi dati con il dato dell'appartenenza dei soli studenti alle due macro area disciplinari che abbiamo qui ricodificato, vediamo come l'88,6% dei rispondenti studenti frequenti una facoltà appartenente alle scienze dure, mentre l'11,4% una facoltà appartenente alle scienze umane e sociali. L'appartenenza al gruppo degli interattivati è quindi in linea con il campione, mentre è leggermente inferiore per quanto riguarda il gruppo della digital mass.

Pare quindi che si possano effettivamente notare delle differenze di utilizzo e percezioni in base alla disciplina di appartenenza, qui intesa in senso lato in base alla dicotomia scienze dure/scienze umane e sociali. Gli studenti e i docenti appartenenti alle scienze dure denotano mediamente, sia pur in maniera non eclatante, un

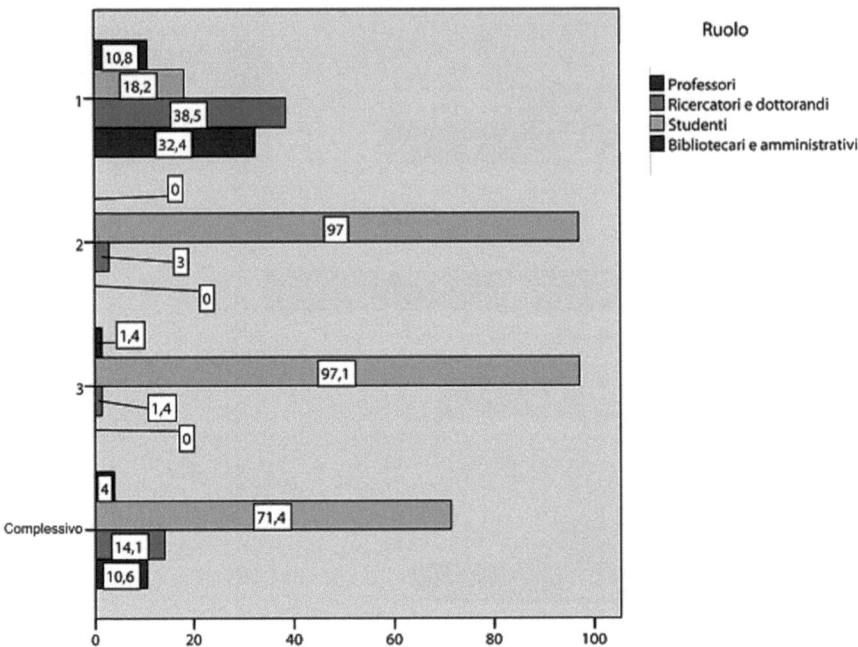

Figura 3.19 Ruolo per cluster: 1) docenti e ricercatori; 2) studenti interattivati; 3) studenti digital mass

utilizzo più spinto dei supporti di lettura digitale, così come dei contenuti digitali. A questo proposito non sono da dimenticare due fattori importanti già evidenziati sopra: da una parte come vi sia un rapporto di correlazione direttamente proporzionale fra disponibilità di supporti e contenuti digitali e propensione all'utilizzo e alla valorizzazione delle caratteristiche peculiari degli stessi; e dall'altra come negli ambiti delle scienze dure vi sia un'effettiva maggiore disponibilità, almeno in lingua inglese, di contenuti digitali, utili sia ai docenti per le attività di ricerca, ma anche agli stessi docenti e quindi agli studenti per le attività di didattica, che in molte scienze dure avvengono ormai anche su testi in lingua inglese.

Come abbiamo già evidenziato, i tre cluster individuati si distinguono fra loro in modo forte per l'appartenenza a uno specifico ruolo in università, distinguendo fra docenti e studenti. È interessante notare come questa differenziazione non sia solamente però legata al ruolo svolto, ma contempli anche sicuramente la variabile dell'età. Vediamo infatti come bibliotecari e amministrativi vadano a collocarsi nello stesso gruppo che abbiamo chiamato dei docenti, data la loro presenza preponderante, proprio in virtù del fatto che anche l'età e quindi la differente socializzazione con le nuove tecnologie della comunicazione hanno una qualche forza nell'orientare l'utilizzo e le percezioni verso eReader e contenuti digitali. Allo stesso modo e probabilmente per le stesse ragioni vediamo come una piccola percentuale di ricercatori e dottorandi vadano a collocarsi all'interno del gruppo 2: sono giovani, molto mo-

3.5 Le tipologie rilevate

tivati all'utilizzo delle tecnologie oggetto del nostro studio e quindi denotano delle modalità di utilizzo decisamente avanzate.

È significativo che vi sia una differenza abbastanza marcata nell'appartenenza al gruppo degli interattivati o della digital mass della coorte dai 26 ai 35 anni. Questa coorte costituisce il 18,8% della digital mass, contro il 9,5% degli interattivati: dato che ci troviamo sempre dinnanzi a studenti, è significativo che il gruppo della digital mass, che denota delle modalità di utilizzo meno forti e frequenti, sia composto in misura significativamente maggiore da studenti più "anziani". Il dato è confermato se andiamo a rilevare che fra i rispondenti appartenenti al ruolo degli studenti, l'82,9% dichiara di avere meno di 26 anni, e il 12,6% dichiara di averne fra 26 e 35.

La presenza incrociata di questo fenomeno, ossia studenti più anziani che denotano utilizzi meno forti e frequenti, e ricercatori e dottorandi più giovani che denotano modalità di utilizzo più forti e frequenti, avvalora la tesi che anche l'età, oltre al ruolo, svolga una funzione nel determinare questi stessi pattern di utilizzo e di tendenza nelle percezioni.

Ci troviamo quindi di fronte a tre gruppi di utenti, che, è bene ricordarlo, non rappresentano la totalità del nostro campione, ragione per la quale le percentuali "complessive", che si vedono nelle figure precedenti non rappresentano il totale del campione, ma solo dei casi compresi nei cluster. Diversi casi, infatti, non sono stati compresi in questi cluster in quanto non prototipici per il cluster stesso.

L'analisi dei cluster qui proposti non ha pretese di rappresentare esaustivamente il campione e la popolazione oggetto dell'indagine, ma di far emergere alcuni sottogruppi di utenti, comunque numericamente significativi, che possono essere considerati indicativi delle tendenze in atto nella popolazione di riferimento circa l'utilizzo di eReader e contenuti digitali.

Il gruppo dei docenti, che potremmo forse meglio definire, dei "docenti digitali" è caratterizzato da un possesso diffuso di eReader principalmente dedicati alla lettura; da un'abitudine a scaricare su pc o eReader e a leggere preferibilmente in digitale e solo secondariamente a stampare; ad avere in buona misura avuto esperienza di acquisto di eBook e a essere in alcuni casi acquirente abituale; ad avere una discreta conoscenza di cosa sia il drm; a essere convinti che sia possibile studiare manuali digitali e utilizzare materiali digitali integrativi. Questo gruppo sociale è composto principalmente da docenti, ma sono presenti anche ricercatori e dottorandi, oltre che bibliotecari e amministrativi, principalmente delle scienze dure, con un'età ovviamente conseguente, e quindi mediamente più alta degli altri gruppi.

Il gruppo degli studenti che abbiamo definito interattivati, invece, denota uno schema di utilizzo più "avanzato". Come i docenti digitali possegggono eReader principalmente dedicati alla lettura, magari di costo inferiore rispetto a quelli posseduti dai docenti; sono abituati a leggere in digitale, e anzi, quando possibile non scaricano neanche ma leggono direttamente online e solo residualmente ricorrono alla stampa; hanno mediamente una qualche esperienza di acquisto di eBook e alcuni sono anche acquirenti frequenti; dichiarano di avere una buona conoscenza di cosa sia il drm e sono decisamente convinti che sia possibile studiare manuali digitali, oltre ad essere già utenti di materiale digitale integrativo delle lezioni. Sono principalmente giovani studenti delle facoltà scientifiche.

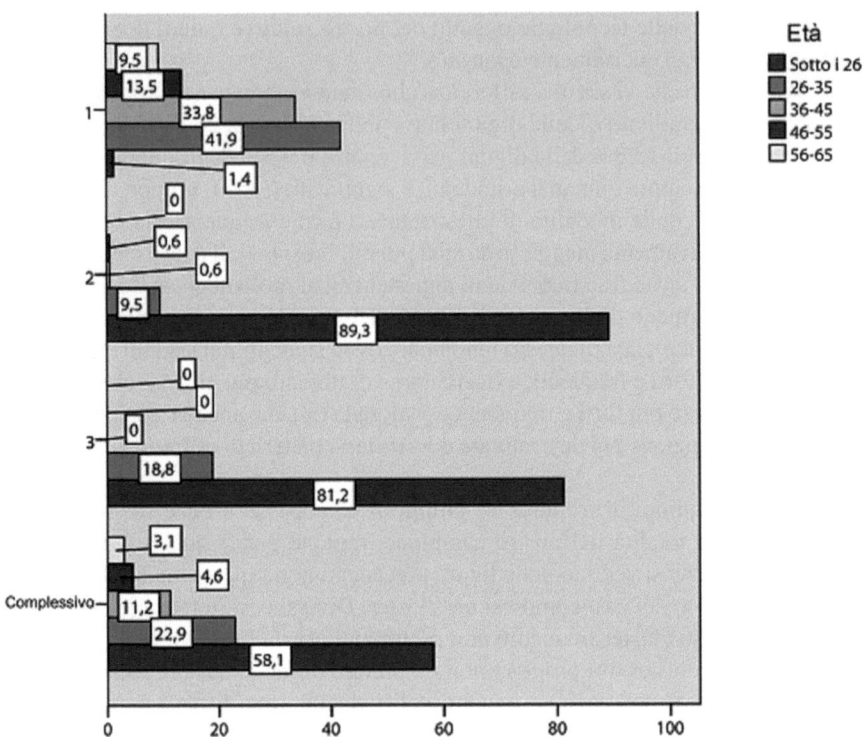

Figura 3.20 Età per cluster: 1) docenti e ricercatori; 2) studenti interattivati; 3) studenti digital mass

Infine il gruppo degli studenti che abbiamo definito digital mass denota schemi di utilizzo in parte contrastanti e in alcuni aspetti meno avanzati rispetto a quelli degli altri due gruppi. Sembrano essere partecipi della rivoluzione digitale, e quindi anche della rivoluzione digitale in editoria, ma solo come *followers*, non come *early adopters* [163]. Allo stato attuale posseggono strumenti digitali ma non dedicati espressamente alla lettura, come gli Smartphone; leggono in digitale, preferibilmente scaricando e solo residualmente online, ma in molti casi preferiscono ancora stampare; non sono acquirenti di eBook, solo alcuni di loro hanno fatto esperienza di acquisto; dichiarano in maggioranza di non sapere cosa sia il drm o di non esserne sicuri; sono meno convinti degli altri, e anzi una metà nega che sia possibile studiare un manuale digitale, anche se in maggioranza hanno utilizzato materiale digitale per integrare il manuale cartaceo tradizionale. Sono principalmente giovani, ma anche un po' meno giovani, in prevalenza delle facoltà scientifiche, ma con una presenza significativa di studenti delle facoltà umanistiche e sociali.

3.6
Dati e sperimentazioni angloamericane

In ambito anglosassone la letteratura scientifica e gli esperimenti sull'utilizzo di eReaders e contenuti digitali è ancora modesta, ma comunque presente, a differenza della situazione italiana. A partire da alcuni studi pionieristici [180], notiamo che con la commercializzazione del Kindle l'interesse, anche nel mondo universitario, è cresciuto sensibilmente e quindi anche le sperimentazioni e la letteratura scientifica collegata. Celebre, anche per la risonanza mediatica che ha avuto, la sperimentazione di 7 college statunitensi su un particolare modello di eReader a inchiostro elettronico, il Kindle DX; tratteremo alcuni dei risultati di questa sperimentazione più avanti in questo paragrafo.

Già a un anno dalla commercializzazione del Kindle è comparso il primo articolo che riassumeva i dati della prima sperimentazione su larga scala in un college americano [196]: si è trattata di una sperimentazione con un modello a inchiostro elettronico della Sony ora non più in commercio, il Sony PRS600, presso la Northwest Missouri State University. Sono stati distribuiti 240 lettori con precaricati manuali digitali editi da McGraw-Hill, uno degli editori leader nel settore.

L'accettazione da parte dei docenti è stata entusiasta, la sperimentazione contava di coinvolgere cinque o sei professori, ma ben cinquantaquattro hanno fatto richiesta di poter condurre la sperimentazione.

A fare da contraltare al grande entusiasmo da parte dei docenti, vi è stata una fredda accettazione da parte della maggioranza degli studenti. Quasi il 40% degli studenti che hanno partecipato alla sperimentazione dichiararono di aver studiato meno a causa della maggiore difficoltà di farlo con il manuale digitale. Solo il 17% era entusiasta della sperimentazione ed ha affermato di aver studiato di più perché lo trovava più agevole.

Uno dei problemi evidenziato dai partecipanti è stato sicuramente quello della curva di apprendimento di una nuova tecnologia. Una studentessa che aveva sviluppato una propria metodologia per prendere appunti, note e scambiarli con i compagni, ha dichiarato di averci messo un po' di tempo per adattare la sua tecnica al nuovo strumento, ma dopo un po' di tempo, fatica e impegno, era soddisfatta dei risultati che aveva ottenuto. Un'altro ha dichiarato espressamente che avrebbero dovuto prevedere delle lezioni in aula per spiegare come utilizzare al meglio il nuovo dispositivo.

Sono poi stati apprezzati gli indubbi vantaggi della tecnologia, come la lunga durata delle batterie e il minore impatto ambientale, ma è stato altresì messo bene in evidenza come ci fossero delle forti differenze di usabilità e di schemi di utilizzo in relazione alla materia da studiare con il manuale digitale.

Uno degli studenti coinvolti nella sperimentazione con un testo di marketing si era detto soddisfatto della stessa, ma aveva messo in guardia di non riproporla nel corso di contabilità, dove c'erano numeri e formule difficili da trattare in digitale attraverso l'eReader. Allo stesso modo gli studenti di medicina preferivano studiare i loro manuali digitali su pc, piuttosto che su eReader a inchiostro elettronico per via delle immagini a colori.

Behler [5] riferisce che in uno studio, sempre condotto sui lettori Sony, della durata di un anno, la maggioranza degli studenti hanno avuto problemi dati dalla lentezza del cambio pagina, con la navigazione del documento e con la mancanza di una funzionalità soddisfacente per prendere note e appunti. I partecipanti a questa sperimentazione provenivano da differenti aree disciplinari ed hanno fatto notare come gli studenti di biologia, chimica e ingegneria avrebbero avuto bisogno di utilizzare le versioni cartacee dei testi perché gli eReader non rendevano le immagini in modo sufficientemente definito e non rendevano agevole la lettura non sequenziale. Gli studenti hanno adattato le loro pratiche di lettura, utilizzando post-it e note cartacee che gli permettevano di non dover sempre tornare avanti e indietro nel testo.

Anche Mentch [123] in uno studio sul Kindle DX, *device* sempre a inchiostro elettronico, ma con uno schermo più grande del Sony PRS600, come un foglio A4, ha comunque riscontrato che lo stile di navigazione del libro, con l'impossibilità di sfogliare più pagine contemporaneamente, la mancanza del colore e le limitazioni imposte dal drm, erano le limitazioni principali del *device*.

I ricercatori dell'Università di Princeton [146] hanno riscontrato che lo stile di navigazione, l'impossibilità di sfogliare rapidamente le pagine, la mancanza di possibilità di annotazione nei file PDF, rendono il Kindle DX, in taluni casi, dannoso per lo studio. Allo stesso modo Marmarelli e Ringle [122] sostengono che il Kindle Dx non sia pronto per sostituire il manuale cartaceo, sempre per le "solite" cause esplicitate sopra: impossibilità di annotare i file PDF, bassa risoluzione delle immagini e mancanza di colore, impossibilità di sfogliare rapidamente e impossibilità di rintracciare rapidamente citazioni o parti di testo.

Come risulta quindi evidente da questi studi la tecnologia attuale dei lettori a inchiostro elettronico è insoddisfacente per la lettura che necessita uno studio di tipo universitario. Come ben evidenziano Thayer e i suoi collaboratori [146] questo accade anche perché si è poco riflettuto su come studiano gli universitari. La lettura per studio è molto diversa dalla lettura per intrattenimento. Dallo studio sopracitato emerge infatti che il 75% dei partecipanti sono abituati a prendere appunti e note sul testo o a margine, una larga maggioranza utilizza frequentemente le note a piè di pagina, una lettura rapida o uno sguardo alle immagini per capire se leggere più approfonditamente, oltre ad avere dei riferimenti visuali della pagina che aiutano a memorizzare e a fare proprio il contenuto. Tutte queste operazioni risultano attualmente più difficili con l'eReader a inchiostro elettronico che su carta.

È anche possibile e forse probabile che queste limitazioni attuali della tecnologia vengano superate. L'eReader a inchiostro elettronico a colori verrà commercializzato e si diffonderà nel corso del 2012; i Tablet, iPad in testa, già rendono meno problematiche alcune di queste operazioni, sicuramente possiamo affermare che la visualizzazione delle immagini a colori non è più problema, se si utilizza un Tablet. Anche le possibilità di annotare i testi, PDF compresi, è più agevole tramite gli schermi multitouch dei Tablet.

Proprio in virtù di questi dati e di queste sperimentazioni, la nostra ricerca non ha voluto concentrarsi su una determinata tecnologia, per andare a scovarne pregi e difetti, ma ha voluto indagare dichiarazioni di utilizzo e percezioni verso alcuni temi

3.6 Dati e sperimentazioni angloamericane

chiave dell'evoluzione digitale nell'editoria universitaria, per capire, aldilà delle limitazioni tecnologiche attuali, che verranno presto o tardi superate, su che basi possa poggiare le fondamenta questa evoluzione. La risposta sembra essere che vi sono le basi perché eReader e contenuti digitali per l'università si affermino: da una parte ci sono dei gruppi di utenti che hanno incominciato il percorso, dall'altro sembra che al crescere della disponibilità di hardware e contenuti cresca anche le percezioni di utilità specifiche degli stessi. Gli ingredienti perché l'evoluzione proceda e si acceleri sembrano quindi esserci.

Questa considerazione è sostenuta anche dai dati di una recente ricerca della Pearson Foundation, che ringraziamo per la possibilità di ripubblicarne un'esigua parte. La ricerca è stata svolta in marzo 2011 su un campione rappresentativo di 1214 studenti di college americani.

I risultati salienti, in estrema sintesi, sono che gli studenti sono convinti che i Tablet cambieranno l'apprendimento, una maggioranza lo vorrebbe comprare, chi già ne è in possesso sostiene che è utilizzabile a fini didattici. Soprattutto, se in media gli studenti preferiscono il supporto cartaceo, sia per la lettura di studio che per quella di intrattenimento, quelli che già possiedono un Tablet preferiscono il digitale. In particolare quest'ultima affermazione va a rafforzare le nostre considerazioni fatte sopra.

Più in dettaglio, come vediamo in tabella, il 78% degli studenti ritiene che il possesso di un Tablet incoraggi l'acquisto di manuali digitali, il 69% ritiene che i Tablet cambieranno il modo in cui studieranno in futuro, il 63% ritiene che i professori debbano integrare i Tablet e contenuti digitali nella didattica e infine il 70% ritiene che tramite il Tablet l'apprendimento possa essere più divertente.

Fra le caratteristiche che gli studenti vorrebbero da un Tablet spicca la possibilità di prendere note in modo più comodo e facile rispetto alla carta (73%), di utilizzare il Tablet per fare e inviare i compiti a casa e i papers (72%), di connettersi con altri compagni e scambiare appunti e materiale (63%) e infine di accedere a materiale multimediale integrativo (63%).

Se invece andiamo a vedere i dati di comparazione rispetto ad alcune percezioni fra possessori e non possessori di Tablet troviamo una conferma alla nostra tesi della diretta proporzionalità fra possesso, percezione di utilità delle caratteristiche specifiche dei contenuti digitali e predisposizione all'acquisto di contenuti.

Il 93% dei possessori di Tablet crede che il possesso aumenti la predisposizione ad acquistare contenuti digitali, contro il 77% di chi non lo possiede e l'84% di chi pensa di acquistarlo nei prossimi 6 mesi. Sempre il 93% dei possessori crede che i Tablet rendano l'apprendimento più divertente, contro il 68% dei non possessori e l'87% di chi pensa di acquistarlo nei prossimi 6 mesi. Il 73% dei possessori crede che entro 5 anni i manuali digitali rimpiazzeranno i manuali cartacei, contro solo il 46% dei non possessori e il 63% dei futuri acquirenti.

Tutte le altre percezioni indagate riprendono lo stesso schema di risposta, con il possesso di un Tablet che appare effettivamente una causa per l'aumento della predisposizione verso l'utilizzo di contenuti digitali e verso un'aumentata stima delle loro funzionalità.

Tabella 3.10 Forte accordo con affermazioni circa Tablets da parte di studenti universitari e ultimo anno delle superiori (modificata da: ricerca della Pearson Foundation)

	Totale università e superiori	Totale degli studenti universitari	Studenti delle scuole superiori			Studenti universitari			Anno		Iscrizione studenti		Tipo di scuola			Anni scolastici (tra 4 anni universitari)				Tipo di programma	
			Genere			Genere															
			Maschile	Femminile		Maschile	Femminile		18-24 anni	25-30 anni	Part-time	Full-time	2 anni	4 anni	Scuola	Matricole	Studenti secondo anno	Giovani	Anziani	Tutti	Qualcuno/tutti Online
	(A)	(B)	(C)	(D)	(E)		(F)	(G)	(H)	(I)	(J)	(K)	(L)	(M)	(N)	(O)	(P)	(Q)	(R)	(S)
Base non ponderata	200	1214	95	105	513		701	1049	253	1054	160	198	742	274	123	131	218	257	849	365
Base ponderata	248	1166	121*	127*	525		641	991	233	926	240	293	709	164	133*	139*	178	235	745	421
I tablets rendono l'apprendimento più divertente.	55 22%	231 20%	28 23%	27 21%	119 23%		112 17%	209 21%	38 16%	187 20%	43 18%	59 20%	143 20%	29 18%	33 25%	33 23%	28 16%	47 20%	144 19%	87 21%
I tablets incoraggiano gli studenti ad acquistare testi in digitale invece che le stampati.	54 22%	321 28%	24 20%	30 24%	171 33%		150 23%	277 28%	57 25%	259 28%	62 26%	76 26%	208 29%	36 22%	34 25%	42 30%	55 31%	74 31%	189 25%	132 31%
I tablets possono migliorare il metodo di apprendimento universitario	54 22%	193 17%	28 23%	26 20%	120 23%		73 11%	166 17%	38 16%	151 16%	42 17%	36 12%	131 18%	27 16%	17 13%	30 21%	34 19%	50 21%	111 15%	82 20%
I tablets possono migliorare il metodo di apprendimento universitario	45 18%	252 22%	19 16%	26 20%	134 26%		118 18%	210 21%	51 22%	198 21%	54 22%	56 19%	161 23%	35 21%	27 20%	32 23%	45 25%	55 23%	138 19%	114 27% R
I professori dovrebbero integrare l'utilizzo dei tablets nei loro corsi.	34 14%	125 11%	18 15%	15 12%	81 15%		44 7%	103 10%	31 13%	104 11%	20 8%	25 8%	79 11%	21 13%	15 11%	14 10%	19 10%	32 14%	70 9%	55 13%
I tablets rivoluzioneranno i libri di testo come li conosciamo da qui a 5 anni.	30 12%	160 14%	14 12%	16 13%	88 17%		72 11%	136 14%	32 14%	135 15%	25 10%	40 14%	104 15%	16 10%	18 14%	19 14%	25 14%	37 16%	88 12%	72 17%
I tablets aiutano gli studenti ad un migliore apprendimento.	30 12%	140 12%	16 13%	14 11%	85 16%		54 8%	116 12%	31 13%	111 12%	29 12%	27 9%	93 13%	19 12%	20 15%	23 17%	21 12%	30 13%	73 10%	67 16% R
I tablets aiutano gli studenti a una prestazione migliore in classe.	21 8%	111 9%	15 12%	6 5%	64 12%		47 7%	90 9%	25 11%	92 10%	19 8%	23 8%	75 11%	13 8%	11 9%	16 11%	22 12%	26 11%	59 8%	52 12%

3.6 Dati e sperimentazioni angloamericane

Tabella 3.11 Accordo con affermazioni circa Tablets da parte di studenti universitari e ultimo anno delle superiori (modificata da: Ricerca della Pearson Foundation)

							Studenti universitari											
								Tablets a scopi educativi				Ha mai letto libri di testo digitali		Ha mai letto libri di testo digitali da gennaio		I professori incoraggiano gli studenti ad usare i tablets			Utilizzatori di tecnologia	
	Totale	Possessori di tablet	Non possessori di tablets	Non possiede ma è interessato all'acquisto	Non possiede ma è interessato all'acquisto nei prossimi 6 mesi	Non possiede non è interessato all'acquisto ma è interessato al prodotto	Non possiede o non è interessato all'acquisto e non è interessato al prodotto	Molto utile	Molto/ qualche volta utile	Non troppo/ per nulla utile	Qualche volta/ non troppo/ per nulla utile	Sì	No	Sì	No	Del tutto assente	Molto poco/ qualche / più / tutte	Precoci	Medi	Tardivi
	(A)	(B)	(C)	(D)	(E)	(F)	(G)	(H)	(I)	(J)	(K)	(L)	(M)	(N)	(O)	(P)	(Q)	(R)	(S)	(T)
Base non ponderata	1214	82	1132	906	188	718	226	338	925	289	876	735	479	486	249	785	429	326	666	222
Base ponderata	1166	81*	1085	863	173	690	222	357	897	269	809	718	448	477	241	697	469	330	631	206
I tablets incoraggiano gli studenti ad acquistare testi in digitale invece che le stampe.	915 78%	75 93%	840 77%	713 83%	146 84%	567 82%	127 57%	321 90%	774 86%	141 52%	593 73%	581 81%	334 74%	393 82%	189 78%	520 75%	395 84%	280 85%	493 78%	142 69%
I tablets rendono l'apprendimento più divertente.	815 70%	75 93%	740 68%	668 77%	152 87%	516 75%	72 33%	336 94%	724 81%	91 34%	479 59%	526 73%	289 64%	373 78%	153 64%	425 61%	391 83%	280 85%	435 69%	100 49%
I tablets trasformeranno i futuri metodi di apprendimento.	802 69%	72 89%	729 67%	633 73%	149 86%	484 70%	96 43%	324 91%	703 78%	98 37%	477 59%	517 72%	285 64%	364 76%	153 63%	421 60%	380 81%	265 80%	421 67%	115 56%
I tablets possono migliorare il metodo di apprendimento universitario.	738 63%	76 93%	662 61%	597 69%	146 84%	452 65%	65 29%	325 91%	673 75%	65 24%	413 51%	478 67%	260 58%	345 72%	133 55%	380 55%	358 76%	257 78%	396 63%	85 41%
I tablets aiutano gli studenti a un apprendimento più efficace.	595 51%	70 86%	525 48%	474 55%	118 68%	356 52%	50 23%	285 83%	546 61%	49 18%	300 37%	390 54%	205 46%	282 59%	108 45%	298 43%	297 63%	227 69%	291 46%	77 37%
I tablets rivoluzioneranno i libri di testo come li conosciamo da qui a 5 anni.	559 48%	59 73%	499 46%	437 51%	110 63%	327 47%	62 28%	237 65%	486 54%	73 27%	322 40%	358 50%	201 45%	255 55%	96 40%	286 41%	273 58%	196 60%	293 47%	69 34%
I tablets aiutano gli studenti a una prestazione migliore in classe.	513 44%	62 76%	452 42%	410 48%	100 58%	310 45%	41 19%	264 74%	479 53%	34 13%	250 31%	339 47%	174 39%	256 54%	83 35%	240 34%	273 58%	201 61%	255 40%	57 28%
I professori dovrebbero integrare l'utilizzo dei tablets nei loro corsi.	511 44%	70 86%	441 41%	397 46%	113 65%	284 41%	43 19%	239 67%	462 51%	49 18%	272 34%	345 48%	166 37%	258 54%	87 36%	247 35%	264 56%	205 62%	261 41%	44 22%

Pare quindi che questa correlazione sia abbastanza solida, essendo riscontrata sia nella nostra ricerca, sia in quella della Pearson Foundation. Possiamo quindi affermare che una traiettoria evolutiva del settore editoriale universitario possa essere legata alla sempre maggiore disponibilità di strumenti per la lettura digitale e a una sempre maggiore accettazione degli utenti di contenuti digitale, da fruire su questi strumenti.

Lo scenario evolutivo: uno sguardo al futuro

4.1 I nativi digitali[1]

Il quadro delineato nel capitolo precedente ci dimostra come la transizione verso una diffusione di strumenti per la lettura digitale e l'utilizzo di contenuti digitali nell'università italiana sia sicuramente iniziata, pur essendo ancora lontana dal completarsi. Il grande interrogativo a questo punto è relativo alle tempistiche, oltre che ovviamente alle modalità precise, con cui questa transizione si completerà.

Anche il panorama presentato nei capitoli iniziali evidenzia come gli strumenti hardware e software stiano diventando sempre più performanti, oltre che disponibili a prezzi sempre più accessibili, e che il sistema stesso dell'editoria universitaria sia in una situazione di instabilità e di cambiamenti vorticosi. Pare comunque inevitabile che, con la diffusione di internet, il ruolo degli editori di manualistica scolastica, universitaria e professionale, oltre che di saggistica universitaria e professionale divenga quello di *content provider* digitali, che offrono prodotti e servizi di tipo conoscitivo, informazionale ed educativo in formato digitale, a dei fruitori, sempre meno passivi, il cui habitat naturale è la rete

Di seguito delineeremo alcuni fenomeni, esterni e sovrastrutturali al settore di cui ci occupiamo, che risultano però fondamentali nella sua evoluzione. È infatti abbastanza ovvio che per cercare di capire le evoluzioni di un sistema bisogna capirne le dinamiche interne, i rapporti di forza e di potere interni, la posizione relativa dei diversi attori, ma non si possono trascurare alcune variabili relative al macrosistema di cui questo fa parte [81]. Da questo punto di vista, per portarci su un piano di dibattito sempre aperto in Italia e nelle scienze umane, è sicuramente importante tenere presente le specificità del settore editoriale universitario italiano, così come quello del settore editoriale universitario umanistico, ma è abbastanza improbabile che esso evolva secondo dinamiche completamente diverse dal sistema editoriale universitario statunitense, piuttosto che dal sistema editoriale universitario scientifico. Alcune dinamiche interne, infatti, potranno sicuramente essere cause di alcune diversità, sia

---
[1] Ringrazio Andrea Pozzali, coautore di questo paragrafo.

Cavalli N.: eReaders ed eBooks nelle università.
DOI 10.1007/978-88-470-2528-8_4, © Springer-Verlag Italia 2012

nelle modalità sia nei tempi di evoluzione; molti altri fattori interni al settore, così come la maggior parte di quelli esterni e sovrastrutturali, saranno però costanti.

I fenomeni che andremo rapidamente a delineare sono stati ampiamente trattati altrove, vengono qua ripresi i punti che più interessano al fine di cercare di gettare un po' di luce sulle traiettorie evolutive del settore dell'editoria universitaria di manualistica e di ricerca.

Il primo fenomeno è sicuramente relativo alla progressiva familiarizzazione delle giovani generazioni con le tecnologie digitali e con l'utilizzo della rete. In due parole al fenomeno dei nativi digitali, cui sono stati dedicati tanti dibattiti, diversi articoli [86, 140–145] e alcune monografie [74].

Convenzionalmente si fa risalire l'origine del dibattito sui "nativi digitali" a Mark Prensky che, in un paio di articoli comparsi nel 2001 sulla rivista *On the Horizon* [143, 144], utilizzò questo concetto per indicare le nuove generazioni di studenti cresciute a partire dal 1980[2]. Nati e cresciuti in un mondo caratterizzato dalla presenza pervasiva del computer, di Internet e in generale delle nuove tecnologie di comunicazione, i nativi digitali presentavano secondo Prensky delle caratteristiche radicalmente diverse rispetto a quelle che avevano contraddistinto tutte le generazioni precedenti. Queste differenze erano da ricondurre essenzialmente al fatto che, immersi in un ambiente mediatico molto più stimolante e diversificato rispetto a quello che era accessibile ai loro genitori, i nativi digitali si trovavano naturalmente esposti a esperienze completamente nuove. Dal punto di vista strettamente pedagogico, la principale conseguenza andava rintracciata in relazione al rapporto con il libro, che cessava di rappresentare il mezzo privilegiato di trasmissione della conoscenza; di fatto, all'interno della "giornata tipo" del nativo digitale, l'esperienza della lettura si trovava relegata in una posizione di secondo piano:

> I nostri figli al giorno d'oggi vengono socializzati in un modo che è completamente differente rispetto a quello dei loro genitori. I numeri sono impressionanti: più di 10.000 ore passate a giocare con i videogiochi, più di 200.000 mail e messaggi personali spediti e ricevuti; più di 10.000 ore passate a parlare al telefono cellulare; più di 20.000 ore trascorse a guardare la televisione […], più di 500.000 spot visti – e tutto ciò prima ancora di arrivare al college. E probabilmente, non più di 5.000 ore impiegate nella lettura di libri. Questi sono i "Digital Natives", questi sono gli studenti di oggi." [143]

---

[2] Come spesso accade in questi casi, è assai difficile riuscire a stilare degli ordini di priorità, individuando in modo incontrovertibile chi sia stato di fatto "il primo" a utilizzare il termine "nativi digitali". Come lo stesso Prensky riconosce (http://www.marcprensky.com/blog/archives/000045.html), già altri prima di lui avevano infatti cominciato a sviluppare questo tipo di metafore (vedi ad esempio Ann Barlow ed il suo "A Declaration of the Independence of Cyberspace" del 1996, dove tra l'altro si leggevano frasi di questo tipo: "You are terrified of your own children, since they are natives in a world where you will always be immigrants", https://projects.eff.org/~barlow/Declaration-Final.html). È in ogni caso fuori di dubbio che a Prensky deve essere attribuito il merito di aver fatto entrare la dicotomia nativi digitali/immigranti digitali all'interno del dibattito internazionale, sistematizzando e dando rilevanza concreta a temi e suggestioni che, pur essendo in qualche modo in via di formazione, non avevano ancora ricevuto una attenzione esplicita.

Queste mutazioni rappresentano una sfida probante per i sistemi educativi e editoriali di tutto il mondo: i nativi digitali sono sempre meno attratti e interessati dal libro tradizionale, lineare e cartaceo. I nuovi studenti crescono infatti a stretto contatto con i linguaggi multimediali e con l'interattività tipica del personal computer, della rete, dei Tablet e degli Smartphone, a differenza di quanto è successo per i loro insegnanti e per gli editori, nati e cresciuti, almeno fino alla prima età adulta, all'interno di un sistema sociale di costruzione e condivisione della conoscenza basato sulle tradizionali tecnologie analogiche di comunicazione. Per i nativi digitali il personal computer e la rete costituisce una presenza del tutto normale, parte integrante dell'esperienza quotidiana: dopo tutto, non hanno mai conosciuto, in vita loro, un mondo in cui il computer e internet *non* fosse presente. I loro insegnanti e con loro gli editori si trovano in una situazione opposta: per loro, abituati da sempre a rapportarsi con il libro stampato, il computer e la rete sono una tecnologia nuova e potenzialmente sospetta, come tutte le novità radicali, di cui possibilmente temere [102]. In contrapposizione ai nativi digitali, Prensky parla di "immigranti digitali" per riferirsi a tutti coloro che, sebbene nati all'interno di un mondo in cui le tecnologie di comunicazione digitale non si sono ancora affermate, si sono trovati nella necessità di dover imparare a utilizzarle. L'acquisizione della competenza di utilizzo di tali tecnologie, definita *information literacy*, comporta uno sforzo cognitivo non indifferente, in tutto e per tutto simile a quello necessario per l'apprendimento di una nuova lingua[3].

I nativi digitali, abituati nella loro vita di tutti i giorni a utilizzare il computer e a essere connessi alla rete, si trovano inseriti in un contesto il cui protagonista principale è ancora il buon vecchio libro stampato. Da una parte c'è una realtà fatta di esperienze interattive e sensoriali molto avvolgente e coinvolgente (i *videogames*!), di *multitasking* (navigare online alla ricerca di informazioni ascoltando al tempo stesso musica, chattando con un amico e controllando gli aggiornamenti del proprio server di posta), di sviluppo di reti e comunità di apprendimento virtuali (la community on line di tutti gli studenti dell'Università, con consigli e suggerimenti per organizzare le proprie attività di apprendimento e superare gli esami). Dall'altro lato, c'è un'attività di studio basata sull'ascolto passivo di lezioni frontali che risultano spesso lunghe e noiose e su ore e ore di lettura di uno o più testi scritti che vanno assimilati in forma sequenziale, in un processo lento e faticoso che richiede una forte capacità di concentrazione, la capacità di isolarsi dalle distrazioni del mondo esterno e un basso livello di coinvolgimento dato dal mezzo stesso.

---

[3] Questo parallelismo tra la familiarizzazione con le nuove tecnologie e l'apprendimento di una nuova lingua spinge tra l'altro Prensky a sottolineare come anche gli immigranti digitali più pronti nell'imparare ad utilizzare correttamente le nuove tecnologie non possano fare a meno di conservare una sorta di "accento", rintracciabile in tutta una serie di peculiari abitudini e pratiche di lavoro. Tra gli esempi citati da Prensky, rientra ad esempio l'abitudine di stampare un documento, correggerlo su carta e solo in un secondo momento modificarne la versione elettronica: questo starebbe ad indicare che, nonostante il processo di apprendimento nell'utilizzo di una nuova tecnologia, il cervello di un immigrante digitale continui comunque ad operare secondo modalità differenti rispetto a quello di un nativo digitale. Abituati da sempre a leggere documenti su carta, gli immigranti digitali mostrano particolari resistenze a lavorare su di un testo in un ambiente esclusivamente digitale, cosa che invece è del tutto normale per un nativo digitale (e chi, correggendo delle bozza, non ha avuto questa sensazione?).

Sulla scorta dei contributi di Tapscott [175, 176] e Prensky, il dibattito sui nativi digitali è cresciuto in modo esponenziale[4]. Il percorso di appropriazione delle nuove tecnologie della comunicazione delle generazioni più giovani presenta, infatti, delle caratteristiche specifiche, che contribuiscono a differenziarlo sia dallo stile di insegnamento dei docenti che dagli stili di educazione e comunicazione degli stessi genitori e di conseguenza degli editori. I nativi digitali crescono, apprendono, comunicano e socializzano all'interno di un nuovo ecosistema mediale, caratterizzato dalla presenza pervasiva delle nuove tecnologie e dagli applicativi del web 2.0 [74], che è molto lontano dal tradizionale sistema basato sul dominio dei mass media analogici (radio, televisione, carta stampata).

Mentre per le generazioni precedenti, abituate a vivere, studiare e lavorare all'interno del perimetro della famosa "galassia Gutenberg" [127], il momento di apprendimento si configurava essenzialmente in un rapporto quasi esclusivo con il libro di testo e con i materiali e gli appunti tratti dalle lezioni del docente, i nativi digitali possono sfruttare una grande quantità di strumenti di apprendimento e comunicazione formativa e sociale, tra i quali si muovono in uno zapping continuo [184].

La necessità di esplorare un universo mediale tanto diversificato ed eterogeneo induce poi i nativi digitali a operare sempre più in modalità *multitasking*: studiano mentre ascoltano musica, e nello stesso tempo si mantengono in contatto con la comunità di riferimento attraverso programmi di messaggistica istantanea come Skype o Microsoft Messenger, magari mentre il televisore è acceso, senza volume, con il suo sottofondo di immagini e parole. La gestione simultanea di differenti canali e strumenti di comunicazione non sarebbe solamente foriera di disattenzione e di disorientamento cognitivo, ma contribuirebbe a delineare nuove modalità di apprendimento, fortemente basate sul *learning by doing* e sul processo di approssimazione per prove ed errori (*trial and error*). Da questo punto di vista, l'approccio al sapere dei nativi digitali sarebbe molto più personalizzato, esperienziale e meno dogmatico rispetto a quello delle generazioni precedenti. La loro "simbiosi strutturale" [115] con i nuovi media fa sì che l'apprendimento, ai loro occhi, sia naturalmente un processo attivo e sociale, che da forma a un nuovo orizzonte culturale complessivo, basato sullo scambio, sulla condivisione di materiali ed esperienze e sulla partecipazione comune a un progetto collettivo [100].

Le pratiche comunicative e di apprendimento informale dei "nativi digitali" parrebbero quindi inverare e rendere sempre più attuali le teorizzazioni e le pratiche dell'attivismo pedagogico, dai contributi originari di Dewey e Montessori fino alle più recenti declinazioni socio-costruttiviste [30, 120, 121]. In particolare, sarebbero gli studenti stessi a suggerire, attraverso il loro "stile di apprendimento partecipa-

---

[4] Giusto per avere una prima approssimazione molto grezza della rilevanza di quest'argomento nella letteratura internazionale basti pensare che, digitando la stringa di ricerca "digital natives" in Google Scholar, si ottengono circa 59400 risultati. Risultati ancora più rilevanti si ottengono utilizzando come stringa di ricerca "Net generation". Il paper di Prensky del 2001 risulta avere 2155 citazioni, il libro di Tapscott quasi duemila (1859 per l'edizione del 1998 e 134 per la nuova edizione del 2008). Va sottolineato come anche all'interno del panorama italiano il tema sia ormai entrato a far parte della discussione collettiva, come dimostrano i circa 2000 articoli indicizzati su Google Scholar sotto la voce "nativi digitali".

tivo/digitale", nuove modalità didattiche e nuovi stili didattici ai loro insegnanti e nuovi prodotti e nuovi servizi agli editori, piuttosto che fruire passivamente i prodotti proposti dagli stessi.

4.1.1
L'appropriazione delle tecnologie di rete digitali

Ma la situazione non è così netta e semplice, le evidenze di tipo empirico sono scarse e non univoche e quindi le conclusioni che si possono trarre a livello di strategia aziendale devono essere forzatamente basate anche sull'intuito. Come sottolineato in una recente rassegna della letteratura in materia [4], la maggior parte dei contributi si basa infatti o su evidenze di tipo aneddotico e generici rimandi al senso comune (questo sembra essere in particolar modo applicabile agli originari articoli di Prensky), o su evidenze empiriche particolarmente limitate e sulla cui effettiva rappresentatività è lecito avanzare più di qualche sospetto[5].

La sostanziale asimmetria tra la notevole enfasi posta sulla rilevanza sociale del fenomeno dei nativi digitali da un lato, e l'esiguità della base empirica a supporto di tali affermazioni dall'altro, ha causato di recente il proliferare di una serie di studi e ricerche che hanno cercato di colmare questa lacuna. La maggiore criticità che si presenta a questo riguardo è legata al fatto che non sono ancora disponibili dati su larga scala, soprattutto a livello comparato, raccolti da fonti ufficiali sulla base di uno sforzo sistematico di ricerca. A fronte di ciò, il sempre maggiore interesse che questo tema ha suscitato nella comunità della ricerca ha generato una serie di iniziative sparse, a carattere spesso episodico, condotte in contesti specifici e con metodologie spesso diverse, tra le quali spesso non è facile riuscire a orientarsi.

Fatte salve le difficoltà di natura metodologica, il quadro complessivo che sembra emergere appare in ogni caso molto più complesso e diversificato di quanto le prime teorizzazioni di Prensky e Tapscott potessero far credere.

Nello specifico, la maggior parte delle evidenze disponibili sembrano concordare su due punti fondamentali:

---

[5] Sospetti sollevati, ad esempio, circa la prima edizione del libro di Tapscott, la cui base empirica è costituita da una serie di interviste e *focus group* con alcune centinaia di soggetti compresi tra i 4 e i 20 anni. Stando a quanto afferma l'autore, il campione dovrebbe essere in qualche modo stratificato per genere, provenienza geografica e status socio-economico, anche se nessun dettaglio specifico sulle effettive procedure di campionamento utilizzate, e in generale sulla metodologia, viene di fatto fornito nel testo. Inoltre, tutti i dati sono stati raccolti mediante forum di discussione on line, e questo fa nascere il dubbio che in effetti si possa presentare un forte pericolo di autoselezione del campione: in pratica, solo i soggetti connessi avevano la possibilità di essere contattati, mentre coloro che non possedevano un computer e non erano collegati alla rete non avevano modo di entrare nella discussione. Questo ovviamente può condizionare e distorcere le conclusioni finali dell'indagine. Va detto che Tapscott riconosce esplicitamente, in sede di introduzione del suo lavoro, la potenziale rilevanza del problema del *digital divide* e il fatto che molti giovani statunitensi potrebbero di fatto ritrovarsi in una situazione di "non connessione" alla rete; più che di Net Generation, in questo caso si sarebbe di fronte alla Not Generation (la generazione dei non connessi). Di fatto, però, la sua analisi complessiva della rilevanza del fenomeno della Net Generation non sembra tenere in particolare considerazione quest'aspetto.

- Anche se è sicuramente vero che le generazioni più giovani facciano un utilizzo massiccio delle nuove tecnologie digitali di comunicazione e della rete, non è possibile inferire che quest'utilizzo sia univocamente correlato a un elevato livello di competenza tecnologica e di *information literacy* a livello generale. Soprattutto quando andiamo a considerare i tassi di conoscenza e di utilizzo delle funzionalità più avanzate del cosiddetto web 2.0, si nota come una percentuale ancora elevata di giovani non presenti livelli di conoscenza e dimestichezza particolarmente significativi.
- Se anche ci limitiamo a considerare le applicazioni più diffuse e note, la relazione tra un elevato utilizzo quotidiano e l'esigenza implicita dell'impiego in ambito educativo è tutta da dimostrare. In altri termini, anche se i giovani di fatto possono evidenziare in certi contesti un utilizzo molto elevato di alcuni specifici strumenti del web (ciò vale in particolare per alcuni social network), questo non comporta che essi automaticamente auspichino, o addirittura vedano di buon occhio, il fatto che questi strumenti vengano applicati in ambito educativo. La relazione tra tecnologie della vita quotidiana e tecnologie di apprendimento (*living and learning technologies*) sembra essere molto più problematica di quanto si potrebbe pensare a prima vista.

Strettamente collegata a questi due aspetti è poi la questione relativa alle possibili variabili esplicative che possano render conto del persistere di sostanziali differenze tra soggetti appartenenti a una stessa generazione, per quanto riguarda le propensioni di utilizzo delle diverse applicazioni della rete e i differenziali di competenza associati. In altri termini: una volta stabilito che il fattore generazionale, per quanto mantenga comunque una sua rilevanza[6], non possa essere inteso come l'unica variabile esplicativa della diversa competenza tecnologica dei soggetti, rimane da chiedersi quali siano le altre variabili che possano esercitare un'influenza in tal senso.

Nel caso della ricerca presentata nel capitolo 3, abbiamo visto come sicuramente una delle variabili da considerare sia lo status sociale, ma abbiamo anche evidenziato che probabilmente vi siano altri fattori motivazionali importanti.

Va detto che la consapevolezza del fatto che la variabile legata all'età debba essere vista in connessione con altri fattori ha cominciato ultimamente a farsi strada anche tra i più convinti fautori della Net Generation [136].

Più recentemente, lo stesso Prensky [144] ha cercato di rivedere la propria dicotomia originaria, introducendo il concetto di *digital wisdom*, ossia di una capacità di utilizzare in maniera adeguata le nuove tecnologie che "trascende il divario generazionale definito dalla distinzione tra immigranti e nativi". Di fatto, molti immigranti digitali (tra cui Obama!) si dimostrano in grado di sfruttare efficacemente le potenzialità offerte dalle nuove tecnologie.

---

[6] È infatti indubbio che, in media, la competenza digitale dei soggetti appartenenti alle nuove generazioni sia maggiore rispetto a quella dei soggetti più anziani. Ciò che appare problematico, nel discorso sui nativi digitali, è la tendenza ad ignorare il fatto che, anche qualora i componenti di una data generazione presentino alcuni tratti comuni, derivanti dall'esposizione a determinate esperienze e stimoli, ciò non significa che le differenze tra individui non possano mantenere una loro significativa rilevanza, soprattutto in presenza di fattori di differenziazione di natura sociale, economica e culturale, che continuano a mantenere un ruolo significativo.

Pur con questi *caveat* è indubbio che il consumo mediale delle giovani generazioni stia mutando rapidamente e vada verso una sempre maggiore esposizione alla rete, che porterà inevitabilmente a una maggiore familiarità con la stessa. I dati infatti del Pew Internet Project, così come quelle portate avanti dal gruppo NumediaBios dell'Università Milano Bicocca [45, 135] evidenziano come Facebook si possa considerare una estensione digitale della vita degli studenti universitari appena immatricolati nel caso italiano, e degli adolescenti nel caso statunitense.

La transizione a una dieta mediale interamente digitale e a una conseguente spiccata *fluency* nell'*information literacy* sembra essere in rapida acquisizione, anche in Italia. Pare inevitabile che le case editrici, per continuare a svolgere il proprio ruolo in questo mutato panorama, debbano evolvere le modalità con cui offrono i propri servizi e i propri prodotti, non semplicemente digitalizzandoli, ma adattandoli alle mutate modalità di azione in rete, di fruizione e di apprendimento. La retorica sullo studente al centro del processo di apprendimento, sul *learning by doing*, sul costruttivismo, trova sempre più applicazione nel contesto di una socialità mediata dalle tecnologie di comunicazione digitali e suggerisce agli editori di innovare i propri servizi e i propri prodotti, per continuare a mantenere la centralità nei processi di diffusione della conoscenza e del sapere.

4.2
La pressione dei grandi attori dell'IT

Sempre considerando quelli che abbiamo definito sopra i fattori "sovrastrutturali" rispetto al sistema dell'editoria universitaria, e in realtà dell'editoria in genere, non si può non far riferimento all'evoluzione delle grandi corporation dell'*information technology*, in primis quelle che vengono definite "big three", ossia Apple, Google e Amazon.

Queste tre multinazionali hanno in comune il loro interesse recente per il mondo editoriale, pur provenendo da settori diversi. Amazon è sicuramente l'azienda con più relazioni con il mondo editoriale, essendo nata come libreria online, pur essendosi trasformata negli anni nel principale operatore del settore del commercio elettronico ed essendo diventata una delle maggiore fornitrici di *web services*. Se infatti andiamo a guardare i risultati trimestrali, fino al 30 giugno 2011, notiamo come nei primi sei mesi del 2011, il fatturato, comprendente sia il sito americano sia quelli internazionali (italiano compreso), sia composto per il 39% dai media (quindi libri, ma anche dvd, mp3, film in streaming etc.), per il 58% dalla rivendita di elettronica e altri generi (dalle scarpe, agli orologi, ai giocattoli) e per il 3% dai servizi tecnologici, come AWS (Amazon Web Services). Il dato è ancora più rilevante in comparazione allo stesso periodo del 2010, dove i media contavano per 46%, l'elettronica e gli altri generi per il 51% e i servizi tecnologici per il 3%. Lo spostamento verso generi che non siano i media è quindi netto. Se pensiamo, anche se i dati in questo senso non sono pubblici, che i libri potranno essere solo una parte dei media, forse neanche maggioritaria, possiamo affermare che, anche per Amazon, l'editoria sia solo uno dei settori in cui opera, non certo il principale.

L'analisi sui bilanci di Apple e di Google rivela dati ancora più netti: è evidente che non siano aziende il cui *core business* è l'editoria, tanto meno quella libraria. I guadagni maggiori di Apple arrivano per quasi il 50% dalla vendita dell'iPhone, per il 18% dai computer desktop e noteBook, per il 21% dall'iPad, per il 5% dall'iPod, per il 4% da altre periferiche e software e solo per il 5% da iTunes, AppStore e iBookstore. Anche in questo caso il dato è aggregato per tutti i media venduti da Apple, e in questo caso, data la forza di iTunes nel settore discografico, possiamo affermare con certezza che le vendite di iBookstore sono solo una piccola parte di quel 5% del bilancio Apple. Il *core business* di Apple è la vendita di hardware, anche se recentemente, in gennaio 2012, sono state annunciate importanti evoluzioni che denotano interesse verso il mondo della manualistica.

I dati per Google sono ancora più netti. L'azienda, infatti, che pure con Google Books e con il suo programma di digitalizzazione è da tempo presente in qualche modo nel settore editoriale, non lo è in quello della rivendita, dove Google Editions è attivo solo in Usa, Australia e solo recentemente (ottobre 2011) in Inghilterra. Anche il lancio in USA è l'ultimo in ordine temporale fra i "big three". Per Google l'editoria libraria è interessante principalmente perché fonte di contenuto testuale indicizzabile dal suo motore di ricerca cui collegare messaggi promozionali personalizzati e contestuali. Notiamo infatti che il 97% dei guadagni di Google derivano dalla pubblicità, e solo il 3% da *other revenues* fra cui la rivendita di eBooks e altri servizi tecnologici.

Risulta quindi evidente che per questi tre attori il settore editoriale sia solamente uno dei tanti in cui sono presenti, residuale a livello di guadagno, ma strategico. Per Apple infatti è fondamentale creare un ecosistema di contenuti chiusi sui propri device, in modo che le persone siano portate a non cambiare *device*, trovando su di esso tutti i contenuti che desiderano, assicurando loro la migliore *user experience* (vero punto di forza dell'azienda). Per Google è invece necessario essere il punto di partenza per ogni acquisto o consultazione in rete, in modo da continuare a essere il sito più consultato della rete e rimanendo così il principale attore della pubblicità online, mentre per Amazon è fondamentale continuare a essere il luogo dove effettuare acquisti online. Per perseguire queste diverse strategie è per tutte queste aziende fondamentale mantenere sotto controllo il settore dell'editoria libraria, che può diventare il mezzo attraverso cui raggiungere il proprio scopo.

A queste considerazioni è da aggiungerne almeno un'altra, fondamentale: la differenza di scala fra i fatturati dell'editoria libraria e i fatturati del settore della tecnologia, i cui dati sono presentati qui sotto.

Se poi andiamo a vedere le differenze fra il fatturato dell'editoria libraria e l'attivo circolante il dato è ancora più evidente.

Questo significa che il settore dell'editoria libraria, anche quello americano, tanto più quello italiano, sono in qualche modo dipendenti dalle strategie di questi tre grandi gruppi, che, abbiamo visto, hanno interessi, anche strategici, nel settore dell'editoria libraria. È inevitabile, quindi, che il settore dell'editoria libraria venga influenzato dalle mosse dei "big three", che hanno una forza economica di altro livello rispetto agli attori dell'editoria libraria, in primo luogo gli editori. La storia infatti ci dice che si sia tornati a parlare di eBook in modo insistente proprio da quando Amazon ha lanciato il suo Kindle. L'eBook, come abbiamo visto, esiste da almeno quaranta anni: la sua diffusione ha iniziato a crescere vertiginosamente a seguito di investimenti e strategie di uno di questi grandi gruppi. In realtà già in precedenza era stata Google a dare un impulso fortissimo alla digitalizzazione, con scopi strettamente legati alla sua attività, e per quest'oggetto di molte contestazioni[7]. L'analisi della storia recente, unita all'analisi delle strategie dei "big three" e corroborata dalla considerazione sul loro strapotere economico, in relazione a quello del settore editoriale, non ci possono che far ritenere che il settore è stato influenzato e lo sarà sempre di più in futuro dalle mosse di queste aziende.

Sia pure con obiettivi, strategie, storia e conformazione aziendale molto diverse fra di loro, queste aziende hanno sicuramente in comune l'interesse a far diventare il mercato del libro un mercato pienamente digitale.

Amazon in questo modo potrà sfruttare a pieno la sua capacità di vendere attraverso il web e attraverso le sue protesi in mano a milioni di consumatori (i lettori Kindle), arrivando a essere un editore sempre più importante e realizzando così un'importante taglio nella filiera editoriale.

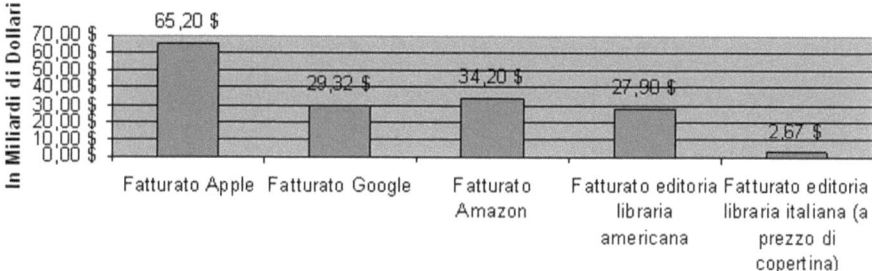

Figura 4.1a Fatturato imprese tecnologiche e editoria libraria (stima approssimata a cura dell'autore da fonti pubbliche)

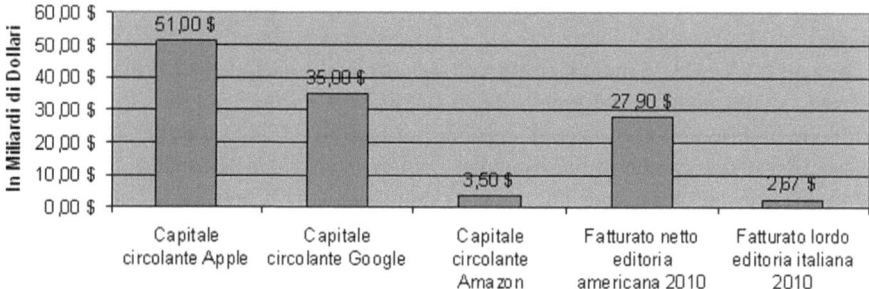

Figura 4.1b Attivo circolante compagnie tecnologiche e fatturato settore editoria libraria (stima approssimata a cura dell'autore da fonti pubbliche)

---

[7] Ci riferiamo qui a tutta la polemica ed attività legale circa il Google Book Settlement.

Tabella 4.1 Vendita digitali in UK (modificata da: UK PA Statistics Yearbook 2010; presentazione di Ann Betts, Nielsen a Editech 2011)

Anno	Totale £m	Consumatore generico £m	Consumatore di riferimento £m	Scuola/ELT £m	Accademico/ Professionale £m
2009	87	4	11	7	65
2010	120	16	14	7	84
% cambio 2009/2010	+38.3	+318.1	+22.7		+29.1

Apple potrà assicurare che i suoi strumenti per la lettura e per la fruizione di contenuti digitali abbiano disponibili sempre i contenuti più appetibili, ed è per questo che favorisce lo sviluppo di applicazioni ed *enhanced eBook* per la sue piattaforme.

Google infine non può che beneficiare dal fatto che i consumi avvengano attraverso il web, dove è il leader nella vendita di pubblicità.

È in virtù di queste considerazioni, corroborate dai grandi investimenti in termini di marketing, pubblicità e convenienza delle offerte, possibili a questi grandi gruppi, e puntualmente effettuate, che riteniamo inevitabile una crescita progressiva del mercato dell'editoria libraria digitale.

4.2.1
La crescita del mercato digitale

Se in termini previsionali abbiamo evidenziato perché riteniamo inevitabile una crescita del mercato dell'editoria libraria digitale, e con essa del mercato dell'editoria universitaria, scientifica e professionale digitale, i dati recenti confermano quest'analisi. Già nel capitolo iniziale abbiamo avuto modo di evidenziare come il mercato americano sia cresciuto in modo esponenziale negli ultimi anni (146% in più da marzo 2010 a marzo 2011) e così stia iniziando a fare, sia pure su scale diverse, anche il mercato italiano. È interessante allora qui riprendere quest'analisi, sottolineando come, in USA e UK, il mercato digitale valga ormai il 17% in USA e il 6% nel Regno Unito. Analizzando un po' meglio i dati suddivisi per settore del mercato editoriale digitale inglese notiamo come le crescite più forti (il 318%) siano nel settore della varia, ma il settore che traina il mercato editoriale digitale sia quello dell'editoria universitaria e professionale che, da solo, conta per il 70%, crescendo comunque del 29%. Se a questo settore aggiungiamo quello della scolastica, la percentuale supera il 75%. Si può tranquillamente affermare che l'editoria digitale in Inghilterra sia stato, almeno fino al 2010, un fenomeno principalmente legato all'editoria universitaria. Nel 2011 con il settore della varia digitale in grande ascesa i rapporti di forza andranno sicuramente riequilibrandosi, pur in un quadro di crescita di entrambi.

Non bisogna infine dimenticare che anche gli altri comparti dell'industria culturale, segnatamente quello musicale e quello del cinema, stiano transitando verso un mercato digitale. Nel 2010 le vendite di musica digitale attraverso internet hanno raggiunto quelle tradizionali, pur in un quadro di flessione generale. Il mercato digitale, nel contesto della crisi economica generale, è un settore in crescita (+8,8% nel 2009, secondo il rapporto e-content 2010 di Confindustria).

4.3
Dove (forse) andremo e cosa dovremo analizzare e capire

Ci sono quindi diversi spunti che convergono verso uno sviluppo, a velocità probabilmente crescente, almeno per i primi anni, del mercato editoriale digitale universitario.

Le innovazioni tecnologiche dell'inchiostro elettronico, in costante miglioramento dal suo lancio commerciale a metà del primo decennio del secolo e la crescente diffusione dei Tablet computers, con i prezzi al dettaglio in picchiata, renderanno sempre più disponibili nelle mani degli utenti degli strumenti per la lettura e lo studio di contenuti digitali. Gli avanzamenti nella definizione dei formati per la creazione di libri digitali e per il loro arricchimento multimediale, il progressivo affermarsi di uno standard, che sembra essere l'ePub (arrivato in questi mesi alla definizione della terza generazione di specifiche, l'ePub3) renderanno i libri disponibili e fruibili su qualsiasi strumento. La progressiva standardizzazione, questa in realtà ancora a uno stadio molto primordiale, dei sistemi di protezione del contenuto, o in alcuni casi, la loro eliminazione, il loro alleggerimento (come nel caso del social DRM con digital watermark) o il miglioramento dell'usabilità degli stessi, renderà più facili le operazioni di acquisto e consultazione dei libri digitali.

Le crescenti difficoltà del modello di pubblicazione e diffusione di monografie e riviste in formato cartaceo, con fenomeni quali la *serial pricing crisis* [52], i tagli ai budget di spesa delle biblioteche, la parcellizzazione delle discipline e la crescita del materiale pubblicato, rendono necessaria un'evoluzione del modello. La maggiore efficacia, specifica questa al settore dell'editoria universitaria, della ricerca congiunta su collezioni di testi digitali, permessa sempre più dalle piattaforme di consultazione dedicate, rende questi servizi essenziali per il lavoro del ricercatore, che ha il dovere, e il tremendo onere, di consultare il maggior numero di pubblicazioni relative all'argomento della sua ricerca. Le possibilità di analisi automatica e indipendente, slegata ad esempio dall'Impact Factor, del numero delle citazioni e di diversi indici bibliometrici, possono essere di fondamentale aiuto allo sviluppo di sistemi di valutazione della ricerca e dei ricercatori più efficaci ed efficienti. La disponibilità in Open Access e quindi gratuita delle pubblicazioni scientifiche è un grande aiuto alla diffusione delle stesse, anche presso comunità accademiche periferiche e con minori possibilità di spesa. Il progressivo sviluppo dei sistemi di eLearning porterà a una sempre maggiore richiesta di servizi e prodotti di editoria universitaria digitale, in cui si potranno verificare diverse combinazioni di gratuità (il testo semplice consultabile solo online, come nel caso già citato di FlatWorldKnowledge) e di pagamento di servizi nuovi (scaricabilità, formati, interazione, eserciziari). La sempre maggiore confidenza con l'utilizzo delle tecnologie digitali, la loro progressiva interiorizzazione nella vita di quelli che sono (anche se ancora troppo giovani, abbiamo visto, per ora, per avere necessità di prodotti editoriali universitari digitali) i nativi digitali, renderà inevitabile per gli editori fornire i propri servizi e prodotti in formato digitale. Se infatti la missione einaudiana di non seguire il mercato, ma di formare una cultura e una coscienza critica vuole ancora essere fatta propria, non sembra, almeno nel ventunesimo secolo, possibile farlo senza seguire quella che diventerà una lingua, una prassi comunicativa, un ambiente di fruizione, al di fuori del quale si rischia di rimanere completamente inascoltati. La correlazione positiva fra disponibilità di strumenti per la lettura digitale e la percezione della loro utilità, ritrovata sia nella ricerca presentata nel capitolo 3, sia nella ricerca di cui si sono presentati alcuni dati della Pearson Foundation, unitamente alla sempre maggiore loro disponibilità a prezzi sempre più contenuti, ci fa ritenere che vi sarà sempre più richiesta di prodotti e servizi di editoria digitale universitaria. L'interesse, non tanto per il volume di affari attualmente e forse anche prospetticamente riscontrabile, quanto per la strategicità, dimostrato da alcuni grandi gruppi tecnologici, verso una crescita del settore dell'editoria scientifica digitale (specificamente al settore della scolastica e dell'universitaria è forte l'interesse di Apple[8]), porterà sicuramente a investimenti notevoli in tal senso, che a loro volta contribuiranno a far sviluppare il settore in quella direzione, con un effetto volano e trainante della correlazione positiva fra strumenti hardware e contenuti digitali.

Rimane difficile pronosticare con certezza la velocità con cui avverrà questa evoluzione, anche se possiamo affermare che, almeno nel settore dell'editoria universitaria, il cambiamento è iniziato con largo anticipo rispetto alla varia ed è quindi probabile che si concluda con altrettanto anticipo. Questo non significa che si arriverà a una sostituzione completa del cartaceo con il digitale, quanto piuttosto che si arriverà a una predominanza del mercato digitale rispetto a quello cartaceo. È plausibile prevedere che questa situazione si verifichi prima di un quinquennio per il mondo anglosassone e con due o tre anni di ritardo nel caso italiano.

Sarà necessario monitorare con attenzione tutte le tendenze che si sono qui enunciate, alcune delle quali trattate con maggior dettaglio. Sarà in particolar modo utile analizzare i dati raccolti per l'analisi presentata nel capitolo 3 in prospettiva diacronica, per poter capire con maggior precisione le tempistiche e le traiettorie dello sviluppo, cercando conferme alla correlazione positiva riscontrata fra possesso e utilizzo dell'hardware e percezione di utilità e utilizzo di contenuti digitali, per capire se possa essere veramente la chiave della diffusione di contenuti digitali. Sempre in quest'ottica sarà utile monitorare le mosse dei "big three", che, come abbiamo visto, possono spostare significativamente la velocità di adozione e diffusione di una tecnologia. A questo proposito, per esemplificare, possiamo ricordare che si sono trattate brevemente, nel capitolo 3, alcune ricerche che hanno evidenziato come il Kindle DX, nel 2010, non fosse ancora maturo per un utilizzo didattico, non permettendo un'interazione e un'esperienza di utilizzo almeno pari a quell'offerta dalla carta. Una volta che Amazon deciderà di diventare editore di contenuti didattici (lo

---

[8] È proprio di ottobre 2011 la notizia del lancio di una sperimentazione con 1500 iPad presso centri di formazione di alcune provincie lombarde.

scopo di Amazon è vendere contenuti attraverso il *device*) potrebbe pianificare un sostanziale miglioramento del Kindle in quella direzione, fatto finora non avvenuto. Allo stesso modo, anche se in direzione inversa, sarà da monitorare quanto Apple (che invece vuole vendere *device* attraverso i contenuti) investirà nella collaborazione con gli editori educational perché sviluppino contenuti adatti ai suoi *device* e al suo sistema operativo.

Sarà poi utile analizzare quanto i sistemi educativi, italiani e internazionali, punteranno e investiranno su modalità di insegnamento in eLearning. Inoltre bisognerà capire fino a che punto avanzerà la tecnologia e con quale velocità verrà proposta sul mercato; ad esempio sarà interessante vedere quando e con che effetti verranno integrati gli schermi Mirasol in dispositivi per la fruizione di contenuti editoriali.

I fenomeni da monitorare, nei loro diversi aspetti, gli attori e le dinamiche, nell'analisi delle traiettorie evolutive di un sistema, sono molteplici e solamente uno sguardo multidisciplinare può essere in grado di dare un quadro sufficientemente esaustivo. Il nostro sforzo in questo lavoro è stato proprio questo e crediamo che questa sia la chiave per riuscire a comprendere il complesso settore dell'editoria digitale, così come quello, sicuramente non meno complesso, dell'editoria scientifica (universitaria, professionale, scolastica) digitale.

Bibliografia

1. Anderson C.: La Coda Lunga Codice edizioni, Torino (2007).
2. Anderson J.C., Gerbing D.W.: Structural equation modeling in practice: A review and recommended two-step approach. Psychological Bulletin **103**(3), 411–423. DOI: 10.1037/0033-2909.103.3.411 (1988).
3. Attanasio P.: Valutazione delle pubblicazioni ed effetti sul sistema editoriale. Informatica Umanistica **5**, 109–126 (2011).
4. Bailey K.hD.: Metodi della ricerca sociale. Mulino, Bologna (2006).
5. Bennet S., Maton K., Kervin L.: The 'digital natives' debate: A critical review of the evidence. British Journal of Educational Technology **39**(5), 775–786 (2008).
6. Bettetini G., Colombo F.: Le nuove tecnologie della comunicazione. Bompiani, Milano (1993).
7. Bettetini G., Gasparini B., Vittadini N.: Gli spazi dell'ipertesto. Bompiani, Milano (1999).
8. Behler A.: E-readers in Action: An Academic Library Teams with Sony to Assess the Technology. American Libraries **40**, 56–9 (2009).
9. Behler A., Lushb B.: Are You Ready for E-readers?. The Reference Librarian **52**(1–2), 75–87 (2011).
10. Bijker W.E.: La bicicletta e altre Innovazioni. McGraw-Hill, Milano (1998).
11. Bijker W.E., Law J. (eds.): Shaping Technology/Building Society. Studies in Sociotechnical Change. MIT Press, Boston (1992).
12. Bijker W.E., Hughes T.P., Pinch T. (eds.): The Social Construction of Technological Systems. New Directions in the Sociology and History of Technology. MIT Press, Boston (1987).
13. Bilton N.: Io vivo nel futuro. Codice Edizioni. Torino (2011).
14. Birkerts S.: The Gutenberg Elegies. The Fate of Reading in an Electronic Age. Fawcett Columbine-Ballantine Books, New York (1994).
15. Bollen J., Van de Sompel H., Smith J.A., Luce R.: Toward alternative metrics of journal impact: A comparison of download and citation data. Information Processing and Management **41**(6) (2005).
16. Bolter J.D.: Writing Space. The Computer, Hypertext, and the History of Writing. Lawrence Erlbaum, Hillsdale (1991); tr. it.: Lo spazio dello scrivere. Computer, ipertesto e la ri-mediazione della stampa. Vita e Pensiero, Milano (2002).
17. Bolter J.D., Grusin R.: Remediation. Understanding New Media. MIT Press, Cambridge (1999).
18. Bourdieu P.: La distinzione. Critica sociale del gusto. Il Mulino, Bologna (2001).
19. Bourdieu P.: Il mestiere di scienziato. Feltrinelli, Milano (2003).
20. Bourdieu P.: Le regole dell'arte. Genesi e struttura del campo letterario. Il Saggiatore, Milano (2005).

21. Bourdieu P.: Una rivoluzione conservatrice nell'editoria. L'ospite ingrato **2**, 19–61 (2005).
22. Bourdieu P.: The field of Cultural Production: Essays on art and literature. Polity, Cambridge (1993).
23. Brabazon T.: The University of Google. Ashgate, Aldershot (2007).
24. Brivio F., Trezzi G.: ePub. Apogeo, Milano (2011).
25. Brody T., Kampa, S., Harnad S., Carr L., Hitchcock S.: Digitometric Services for Open Archives Environments. eprint http://eprints.ecs.soton.ac.uk/7503/ (2005).
26. Brunetti F., Marra M., Schiamone L.: Costo dei periodici: il caso delle biblioteche astronomiche italiane. Biblioteche Oggi Dicembre(2001) http://www.bibliotecheoggi.it/2001/20011003601.pdf (2001).
27. Bush V.: As We May Think. The Atlantic Monthly **176**(1), 101–108; http://www.theatlantic.com/doc/194507/bush (1954).
28. Cacciola G., Carbone P., Ferri P., Solidoro A.: Editoria multimediale. Scenari, metodologie, contenuti. Guerini & Associati, Milano (2004).
29. Cadioli A.: Dall'editoria moderna all'editoria multimediale. Il testo, l'edizione, la lettura dal Settecento a oggi. Unicopli, Milano (1999).
30. Calvani A., Fini A., Ranieri M.: La competenza digitale nella scuola. Centro Studi Erickson, Trento (2010).
31. Calvo M., Ciotti F., Roncaglia G., Zela M.A.: Frontiere di rete. Internet 2001: cosa c'è di nuovo. Laterza, Roma-Bari (2001).
32. Calvo M., Ciotti F., Roncaglia G., Zela M.A.: Internet 2004. Manuale per l'uso della rete. Laterza, Roma-Bari (2003).
33. Carr N.: Is Google making us stupid? What the Internet is doing to our brains, Atlantic; http://www.theatlantic.com/magazine/archive/2008/07/is-google-making-us-stupid/6868/ (2008).
34. Carr N.: The Shallows. What the Internet Is Doing to Our Brains. W.W. Norton & Company, New York (2010).
35. Castells M.: The Internet Galaxy: Reflections of the Internet, Business and Society. Oxford University Press, Oxford (2001); tr. it.: Galassia Internet. Feltrinelli, Milano (2002).
36. Castells M.: Communication power. Oxford University Press, Oxford; tr. It: Comunicazione e potere. EGEA, Milano (2009).
37. Castells M.: The Information Age: Economy, Society and Culture. Vol. I: The Rise of Network Society. Blackwell Publishers (1996); tr. it.: L'età dell'informazione: economia società cultura. Vol. I: La nascita della società in rete. EGEA, Milano (2002).
38. Castellucci P.: Dall'ipertesto al Web. Storia culturale dell'informatica. Laterza, Roma-Bari (2009).
39. Cavalli N.: Open Access: un'introduzione ragionata. http://eprints.rclis.org/archive/00005091/ (2005).
40. Cavalli N.: Systemic Approach to Digital Publishing. In: Dobreva M., Engelen J. (eds): ELPUB2005. From Author to Reader: Challenges for the Digital Content Chain: Proceedings of the 9th ICCC International Conference on ElectronicPublishing held at Katholieke Universiteit Leuven in Leuven-Heverlee (Belgium), 8–10 June 2005. Peeters Publishing, Leuven (2005).
41. Cavalli N.: La dimensione simbolica nei processi di innovazione. Magma **1**(2006).
42. Cavalli N.: Editoria scientifica digitale: verso un nuovo modello integrato con la valutazione della ricerca. Rivista Italiana di Valutazione **37** (2007).
43. Cavalli N., Solidoro A. (eds.): Oltre il libro elettronico. Il futuro dell'editoria libraria Guerini e Associati, Milano (2008).

44. Cavalli N.: L'editoria scientifica digitale fra accesso aperto e valutazione della ricerca Nuova Informazione Bibliografica **1** (2008).
45. Cavalli N., Ferri P., Mangiatordi A., Pozzali A., Scenini F.: How do University Students Approach Digital Technologies: Empirical Results and Theoretical Considerations. In: Lytras M.D., Ordóñez de Pablos P., Damiani E., Avison D., Naeve A., Horner D.G. (eds.): Best Practices for the Knowledge Society. Springer, Heidelberg Berlin (2009).
46. Cavalli N.: Overlay Publications: a functional overview of the concept. In: Mornati S., Hedlund T. (eds.): Rethinking Electronic Publishing: Innovation in Communication Paradigms and Technologies. Proceedings of the 13th International Conference on Electronic Publishing held in Milano, Italy 10–12 June 2009 (2009).
47. Cavalli N., Ferri P., Mangiatordi A., Pozzali A., Scenini F.: Digital learning: la dieta mediale dei giovani universitari italiani. Ledizioni, Milano (2010).
48. Cavalli N., Costa E.I., Ferri P., Mangiatordi A., Micheli M., Pozzali A.: Facebook influence on university students' media habits: qualitative results from a field research. Paper presented a Media in Transition - unstable platforms: the promise and peril of transition, Massachusetts Institute of Technology (2011).
49. Cavallo G., Chartier R. (eds.): Storia della lettura nel mondo occidentale. Laterza, Roma-Bari (2009).
50. Chartier R.: Ascoltare il passato con gli occhi. Laterza Roma-Bari (2009).
51. Chartier R.: Cultura scritta e società. Sylvestre Bonnard, Milano (1999).
52. Chrzastowski T.E., Schmidt K.A.: The serials cancellation crisis: National trends in academic library serial collections. Practice & Theory **21**(4), 431–443 (1997).
53. Ciotti F., Roncaglia G.: Il mondo digitale. Laterza, Roma-Bari (2000).
54. Coombs R., Saviotti P., Walsh V. (eds.): Technical Change and Company Strategies: economic and sociological perspectives. Academic Press, London (1992).
55. Cope B., Philips A. (eds.): The Future of the Book in the Digital Age. Chandos, Oxford (2006).
56. Corbetta P.: Metodologia e tecniche della ricerca sociale. Il Mulino, Bologna (1999).
57. Corrin L., Bennett S., Lockyer L.: Digital natives: Everyday life versus academic study. In: Dirckinck-Holmfeld L., Hodgson V., Jones C., de Laat M., McConnell D., Ryberg T. (eds.): Proceedings of the 7th International Conference on Networked Learning 2010; http://www.lancs.ac.uk/fss/organisations/netlc/past/nlc2010/abstracts/PDFs/Corrin.pdf (2010).
58. Darnton R.: Il futuro del libro. Adelphi, Milano (2011).
59. De Kerckhove D.: Brainframes. Baskerville, Bologna (1993).
60. De Kerckhove D.: La pelle della cultura. Costa e Nolan, Genova (1995).
61. De Kerckhove D.: Biblioteche e nuovi linguaggi: come cambia la lettura. In: Gamba C., Trapletti M.L. (eds.): Le teche della lettura: leggere in biblioteca al tempo della rete. Editrice Bibliografica, Milano (2006).
62. De Kerkhove D.: Dall'alfabeto a internet. L'homme "littéré": alfabetizzazione, cultura, tecnologia. Mimesis, Milano-Udine (2008).
63. Doctorow C.: Ebook: ovvero né E né book. Apogeo, Milano (2004).
64. Eco U., Carriére, J.C.: Non sperate di liberarvi dei libri. Bompiani, Milano (2009).
65. Eisenstein E.L.: The Printing Press as an Agent of Change. Cambridge University Press, Cambridge (1980).
66. Eletti V., Cecconi A.: Che cosa sono gli e-book. Carocci, Roma (2008).
67. Engelbart D.: Augmenting Human Intellect: A Conceptual Framework. SRI Summary Report AFOSR-3223, Washington, October 1962; http://dougengelbart.org/pubs/augment-3906.html (1962).

68. Epstein J.: Book Business. Publishing Past, Present and Future. Norton, New York (2001); tr. it.: Il futuro di un mestiere. Libri reali e libri virtuali. Sylvestre Bonnard, Milano (2001).
69. Ferrari G.A.: Editoria di cultura e cultura dell'editoria. Il Mulino **2**, 181–190 (2010).
70. Ferri P.: Fine dei mass media. Le nuove tecnologie della comunicazione e le trasformazioni dell'industria culturale. Guerini & Associati, Milano (2004).
71. Ferri P.: La Scuola Digitale. Come le nuove tecnologie cambiano la formazione. Mondadori, Milano (2008).
72. Ferri P., Mizzella S., Scenini F.: I nuovi media e il web 2.0. Comunicazione, formazione ed economia nella società digitale. Guerini & Associati, Milano (2009).
73. Ferri P., Cavalli N., Costa E. et al.: Gli studenti universitari italiani e le nuove tecnologie digitali di comunicazione. International Journal of Information Sciences for Decision Making, Toulon/Marseille (2009).
74. Ferri P.: Nativi Digitali. Mondadori, Milano (2011).
75. Figà Talamanca A.: L'Impact Factor nella valutazione della ricerca e nello sviluppo dell'editoria scientifica. SINM 2000: un modello di sistema informativo nazionale per aree disciplinari Lecce: online a http://siba2.unile.it/sinm/4sinm/interventi/fig-talam.htm (2000).
76. Gass A.: Paying to free science: Costs of Publication as Costs of Research. Serials Review **31**(2), 103–106 (2005).
77. Getz M.: Open-Access Scholarly Publishing in Economic Perspective. Journal of Library Administration **42**(1), 1–39 (2005).
78. Giddens A.: The constitution of society. London Polity Press, London (1984).
79. Gokalp I.: Sull'analisi dei grandi sistemi tecnici. Intersezioni **2**, Mulino, Bologna (2003).
80. Gomez J.: Print is Dead. Books in Our Digital Age. Palgrave, New York (2008).
81. Gras A.: Nella rete tecnologica. La società dei macrosistemi. UTET, Torino (1997).
82. Guaraldi M.: eBooks: Cronache dal Far Web. Ledizioni, Milano (2011).
83. Guedon J.C.: Per la pubblicità del sapere. Edizioni Plus, Pisa (2004).
84. Guedon J.C.: The "Green" and "Gold" Roads to Open Access: The Case for Mixing and Matching. DOI:10.1016/j.serrev.2004.09.005 (2005).
85. Guerrini M.: Gli archivi istituzionali. Editrice Bibliografica, Milano (2010).
86. Hargittai E.: Digital Na(t)ives? Variation in Internet Skills and Uses among Members of the "Net Generation". Sociological Inquiry **80**(1), 92–113 (2010).
87. Harnad S.: Post-Gutenberg Galaxy: The Fourth Revolution in the Means of Production of Knowledge. Public-Access Computer Systems (PACS) Review **2**(1), 39–53; http://info.lib.uh.edu/pr/v2/n1/harnad.2n1 (1991).
88. Harnad S.: Ingelfinger Over-Ruled: The Role of the Web in the Future of Refereed Medical Journal Publishing. The Lancet **256** (Supplement); http://cogprints.org/1703/ (2000).
89. Harnad S.: For Whom the Gate Tolls? How and Why to Free the Referred Research Literature. Online Through Author/Institution Self – Archiving Now http://www.cogsci.soton.ac.uk/~harnad/Tp/resolution.htm (2001).
90. Harnad S.: The Green Road to Open Access: A Leveraged Transition. http://www.ecs.soton.ac.uk/~harnad/Temp/greenroad.html (2005).
91. Harnad S.: Implementing Peer Review on the Net: Scientific Quality Control in Scholarly Electronic Journals. In: Peek R.P., Newby G.B. (eds.): Scholarly Publishing: The Electronic Frontier. MIT Press, Cambridge MA (1996).
92. Hart M.: A Brief History of Project Gutenberg 2005; http://www.biffmitchell.com/eBook_Week/Gutenberg.pdf (2005).
93. Havelock E.: Cultura orale e civiltà della scrittura. Da Omero a Platone. Laterza, Roma-Bari (1973).

94. Havelock E.: L'addomesticamento del pensiero selvaggio. Einaudi, Torino (1986).
95. Howell D.C.: Statistical Methods for Psychology. Wadsworth, Belmont (2009).
96. Hughes T.P.: Networks of Power. Johns Hopkins UP, Baltimore (1983).
97. Innis H.A.: Empire and Communications. Oxford University Press, Oxford (1950).
98. Ito M.: Hanging out, Messing around, and Geeking out. Kids Living and Learning with New Media. MIT Press, Cambridge MA (2010).
99. Ito M., Horst H., Bittanti M., Boyd D., Herr-Stephenson R., Lange P., Pascoe C., Robinson L. (eds.): Living and Learning with New Media. MacArthur Foundation, Chicago (2008).
100. Jenkins H.: Confronting the Challenges of Participatory Culture: Media Education for the 21st Century"; http://digitallearning.macfound.org/site/c.enJLKQNlFiG/b.2029291/k.97E5/ Occasional_Papers.htm (2006a).
101. Jenkins H.: Convergence culture: where old and new media collide. New York University Press, New York (2006b); tr. it.: Cultura convergente. Apogeo, Milano (2007).
102. Johnson S.: Tutto quello che fa male ti fa bene. Perché la televisione, i videogiochi e il cinema ci rendono intelligenti. Mondadori, Milano (2006).
103. Jones C., Cross S.: Is there a Net generation coming to university?. Dreams begins responsibility. Choice, evidence and change 8–10 (2009).
104. Kay A., Goldberg A.: Personal Dynamic Media. Computer **10**(3), 31–41 (1977).
105. Kay A.: The Dynabook Revisited. A Conversation with Alan Kay. The Book and the Computer; http://www.honco.net/os/kay.html (2002).
106. Landow P.: Ipertesto, il futuro della scrittura. Baskerville, Bologna (1993).
107. Landow G. (eds.): Hyper/Text/Theory. Johns Hopkins University Press, Baltimore (1994).
108. Landow G.: L'ipertesto. Tecnologie digitali e critica letteraria. Mondadori, Milano (1998).
109. Landow G.: Hypertext 3.0. Critical Theory and New Media in an Era of Globalization. Johns Hopkins University Press, Baltimore (2006).
110. Latour B.: Science in action: how to follow scientists and engineers through society. Harvard University Press, Cambridge (1987).
111. Levy P.: L'intelligenza collettiva. Per un'antropologia del cyberspazio. Feltrinelli, Milano (1995).
112. Lewin K.: Field Theory in Social Science. Harper and Brothers, New York (1951).
113. Likert R.: A Technique for the Measurement of Attitudes. Archives of Psychology **140**, 1–55 (1932).
114. Lloyd S.: Il manifesto dell'editore del XXI secolo. Simplicissimus BookFarm, Milano-Loreto (2008).
115. Longo G.: Il simbionte. Prove dell'umanità futura. Meltemi, Roma (2003).
116. Lughi G.: Parole on line. Dall'ipertesto all'editoria multimediale. Guerini & Associati, Milano (2001).
117. Lughi G.: Cultura dei nuovi media. Teorie, strumenti, immaginario. Guerini & Associati, Milano (2006).
118. Luperi P.: Biblioteche universitarie ed eLearning. Felici Editore, Pisa (2011).
119. Mackenzie D.A., Wajcman J. (eds.): The Social Shaping of Technology. Open University Press, London (1999).
120. Mantovani S., Ferri P. (eds.): Bambini e computer: alla scoperta delle nuove tecnologie a scuola e in famiglia. Etas, Milano (2006).
121. Mantovani S., Ferri P. (eds.): Digital kids. Come i bambini usano il computer e come potrebbero usarlo genitori e insegnanti. Etas, Milano (2008).

122. Marmarelli T., Ringle M.: The Reed College Kindle Study; http://web.reed.edu/cis/about/kindle_pilot/Reed_Kindle_report.pdf (2010)
123. Martinotti G.: Informazione e sapere. Milano, Anabasi (1992).
124. Martinotti G.: Squinternet. In: Ceri P., Borgna P. (eds.): Tecnologia per il XXI secolo. Einaudi, Torino (1998).
125. Martinotti G.: Quanti bytes per la società dell'informazione?. Caffè Europa: http://www.caffeeuropa.it/attualita/19bibliomartinotti.htm (1999).
126. McLuhan M.: Gli strumenti del comunicare. Il Saggiatore, Milano (1968).
127. McLuhan M.: La galassia Gutenberg. Armando, Roma (1976).
128. McQuail D.: McQuail's Mass Communication Theory. SAGE Publications, London (2005).
129. Meyrowitz J.: Oltre il senso del luogo. L'impatto dei media elettronici sul comportamento sociale. Baskerville, Bologna (1995).
130. Mentch M.: Amazon Kindle DX pilot results; http://www.case.edu/provost/deanscouncil/minutes/2009/2010/MinsAgen4-8-10.pdf (2010).
131. Muter P., Latremouille S.A., Treunit W.C., Beam P.: Extended reading of continuous text on television screens. Human Factors **24**, 501–508 (1982).
132. Nacci M.: Oggetti tecnici. Marsilio, Milano-Venezia (1996).
133. O'Reilly T.: What is Web 2.0; http://oreilly.com/web2/archive/what-is-web-20.html (2005).
134. Oblinger D.G., Oblinger J.L. (eds.): Educating the Net Generation. EDUCAUSE: www.educause.edu/educatingthenetgen/ (2005).
135. Odlyzko A.M.: Why electronic publishing means people will pay different prices. Nature web forum, Access to the literature: The debate continues. March 25 (2004).
136. Oliver B., Goerke V.: Australian undergraduates' use and ownership of emerging technologies: Implications and opportunities for creating engaging learning experiences for the Net Generation. Australasian Journal of Educational Technology **23**(2), 171–186; http://www.ascilite.org.au/ajet/ajet23/oliver.html (2007).
137. Ong W.J.: Oralità e scrittura. Il Mulino, Bologna (1982).
138. Palfrey J., Gasser U.: Born Digital: Understanding the First Generation of Digital Natives. Basic Books, New York (2008).
139. Papert S.: Connected family. Come aiutare genitori e bambini a comprendersi nell'era di internet. Mimesis, Milano (2006).
140. Pedró F.: New Millenium Learners in Higher Education: Evidence and Policy Implications. International conference on 21st century competencies, 21–23 September, Brussels: OECD; http://www.nml-conference.be/wp-content/uploads/2009/09/NML-in-Higher-Education.pdf (2009).
141. Pöschl U.: Interactive Journal Concept for Improved Scientific Publishing and Quality Assurance. Learned Information **17**(2), 105–113; DOI:10.1087/095315104322958481 (2004).
142. Pozzali A., Ferri P.: The Media Diet of University Students in Italy: An Exploratory Research. International Journal of Digital Literacy and Digital Competence **2**, 1–10 (2010).
143. Prenksy M.: Digital natives, digital immigrants. On the Horizon **9**(5), 1–6 (2001a).
144. Prenksy M.: Digital natives, digital immigrants. Part II : Do they really think differently?. On the Horizon **9**(6), 1–6 (2001b).
145. Prenksy M.: Homo sapiens digital: From digital immigrants and digital natives to digital wisdom. Innovate **5**(3); http://www.innovateonline.info/index.php?view=article&id=705 (2009).

146. Princeton e-reader pilot final report: http://www.princeton.edu/ereaderpilot/ (2010).
147. Ragone G.: L'editoria in Italia. Storia e scenari per il XXI secolo. Liguori, Napoli (2005).
148. Reale L.M.: Libro elettronico, editoria digitale, accesso aperto: riflessioni e prospettive. Nuova Informazione Bibliografica **1** (2005).
149. ReadItLater: http://readitlaterlist.com/blog/2011/01/is-mobile-affecting-when-we-read/ (2011).
150. Ricciardi M.: Scrivere, comunicare, apprendere con le nuove tecnologie. Bollati Boringhieri, Torino (1995).
151. Rivoltella P.C. (eds.): Digital Literacy. Tools and methodologies for Information Society. IGI Global, Londra (2008).
152. Roncaglia G.: Libri elettronici: problemi e prospettive. Bollettino AIB **4**, 409–439 (2001).
153. Roncaglia G.: Quali e-book per la didattica?. In: Delle Donne R. (eds.): Libri elettronici. Pratiche della didattica e della ricerca. Clio Press, Napoli (2005).
154. Roncaglia G.: La quarta rivoluzione: sei lezioni sul futuro del libro. Laterza, Roma-Bari (2010).
155. Roncaglia G.: e-Book e ipertesti: un incontro possibile?. In: Genet J.P., Zorzi A. (eds.): Les historiens et l'informatique: un métier à réinventer. Actes de la table ronde, Rome, 4–6 décembre 2008, École Française de Rome, Roma (2011).
156. Rotta M., Bini M., Zamperlin P.: Insegnare e apprendere con gli e-book. Dall'evoluzione della tecnologia del libro ai nuovi scenari educativi. Garamond, Roma (2010).
157. Rowlands I., Nicholas D., Huntingdon P.: Scholarly communication in the digital environment: what do authors want?. Learned Publishing **17**(4), 261–273 (2004).
158. Sala V.B.: e-book. Dal libro di carta al libro elettronico. Apogeo, Milano (2001).
159. Saminather N.: Apple Begins Global Sales of New iPad 2 Tablet as Competition Intensifies. Bloomberg; http://www.bloomberg.com/news/2011-03-25/apple-begins-global-sales-of-new-ipad-2-tablet-as-competition-increases.html (2011).
160. Sattersten T.: Every book is a startup. The New Business of Publishing O'Reilly, Sebastopol (2011).
161. Schumpeter J.: The Theory of Economic Development. Harvard University Press, Cambridge MA (1934).
162. Sechi L.: Editoria Digitale. Apogeo, Milano (2010).
163. Sheth J.N.: Psychology of Innovation Resistance: The Less Developed Concept (LDC) in Diffusion Research. In: Sheth J.N. (ed.): Research in Marketing. Jai Press Inc.. 273–282 (1981).
164. Snow CP.: Le due culture. Marsilio, Milano-Venezia (2005).
165. Solimine G.: La biblioteca. Scenari, culture, pratiche di servizio. Laterza, Roma-Bari (2008).
166. Stefanizzi S.: La conoscenza sociologica. Carocci, Roma (2003).
167. Striphas T.: The Late Age of Print. Everyday Book Culture from Consumerism to Control. Columbia University Press, New York (2009).
168. Suber P.: Removing the Barriers to Research: An Introduction to Open Access Librarians College & Research Libraries News **64**, 92–94 (2003).
169. Suber P.: A Primer on Open Access to Science and Scholarship. Against the Grain **16**(3), 56–59; http://www.earlham.edu/~peters/writing/atg.htm (2004).
170. Swan A., Brown S.: Authors and Electronic Publishing: What Authors Want from the New Technology. Learned Publishing **16**, 28–33 (2003).
171. Swan A., Brown S.: Authors and Open Access Publishing. Learned Publishing **173**(3): 219–224 (2004).

172. Tammaro A.M.: La comunicazione scientifica e il ruolo delle biblioteche: verso sistemi alternativi di pubblicazione. Biblioteche Oggi **17**, 78–82 (1999).
173. Tammaro A.M.: Qualità della comunicazione scientifica. 1. Gli inganni dell'Impact Factor e l'alternativa della biblioteca digitale. Biblioteche Oggi **19**, 104–107 (2001).
174. Tammaro A.M., Salarelli A.: La biblioteca digitale. Editrice Bibliografica, Milano (2006).
175. Tapscott D.: Growing up digital: the rise of the Net generation. McGraw-Hill, New York (1998).
176. Tapscott D.: Grown up digital: How the Net generation is changing your world. McGraw-Hill, New York (2008).
177. Tarantino E.: Vivere o morire di big deal?. Bollettino AIB **51**(3), 201–210 (2011).
178. Thompson J.: Is education 1.0 ready for Web 2.0 students?. Innovate **3**(4) (2007).
179. Thompson J.B.: Mezzi di comunicazione e modernità. Il Mulino, Bologna (1998).
180. Thompson J.B.: Books in the Digital Age. Polity Press, Cambridge (2005).
181. Thompson J.B.: Merchants of Culture. Polity Press, Cambridge (2010).
182. Van de Sompel H., Payette S., Ericksson J., Lagoze C., Warner S.: Rethinking Scholarly Communication: Building the System that Scholars Deserve. D-Lib Magazine **10**(9) (2004).
183. Vandendorpe C.: From Papyrus to Hypertext. Toward the Universal Digital Library. Illinois University Press, Champaign (2009).
184. Veen W., Vrakking B.: Homo zappiens. Crescere nell'era digitale. Idea, Roma (2010).
185. Velterop J.: The myth of 'unsustainable'. Open Access journals: http://www.nature.com/nature/focus/accessdebate/10.html (2005).
186. Velterop J.: The Golden Route to Open Access. ERCIM News **64**, 19–20; http://www.ercim.org/publication/Ercim_News/enw64/velterop.html (2006).
187. Vigini G.: L'editoria in tasca. Editrice Bibliografica, Milano (2004).
188. Vitiello G.: Il libro contemporaneo. Editrice Bibliografica, Milano (2009).
189. Waaijers L.: Open Access. Chandos Publishing, Oxford (2006).
190. Wearden S.: Electronic Books: A Study of Potential Features and Their Perceived Value. Future of Print Media Journal (1998).
191. Willinsky J.: The Access Principle: The Case for Open Access to Research and Scholarship. MIT Press, Cambridge MA (2005).
192. Wilson R.: The problem of defining electronic books. EBONI Project, http://ebooks.strath.ac.uk/eboni/documents/definition.html (2000).
193. Wilson R.: Evolution of Portable Electronic Books. Ariadne **29** http://www.ariadne.ac.uk/issue29/wilson/ (2001).
194. Wilson R.: Project EBONI (Electronic Ebook On Screen Interface) online http://ebooks.strath.ac.uk/eboni/documents/definition.html (2002).
195. Yearley S.: Making sense of science: understanding the social study of science. London, Sage (2005).
196. Young R.J.: 6 Lessons One Campus Learned about E-Textbooks. Chronicle of Higher Education http://chronicle.com/article/6-Lessons-One-Campus-Learned/44440/ (2009).

MIX
Papier aus verantwortungsvollen Quellen
Paper from responsible sources
FSC® C105338

If you have any concerns about our products,
you can contact us on
ProductSafety@springernature.com

In case Publisher is established outside the EU,
the EU authorized representative is:
**Springer Nature Customer Service Center GmbH
Europaplatz 3, 69115 Heidelberg, Germany**

Printed by Libri Plureos GmbH
in Hamburg, Germany